PROTOPLASMATOLOGIA

HANDBUCH DER PROTOPLASMAFORSCHUNG

BEGRÜNDET VON

L. V. HEILBRUNN · F. WEBER
PHILADELPHIA GRAZ

HERAUSGEGEBEN VON

M. ALFERT · H. BAUER · C. V. HARDING · P. SITTE
BERKELEY TÜBINGEN ROCHESTER HEIDELBERG

MITHERAUSGEBER

W. H. ARISZ-GRONINGEN · J. BRACHET-BRUXELLES · H. G. CALLAN-ST. ANDREWS
R. COLLANDER-HELSINKI · K. DAN-TOKYO · E. FAURÉ-FREMIET-PARIS
A. FREY-WYSSLING-ZÜRICH · L. GEITLER-WIEN · K. HÖFLER-WIEN
M. H. JACOBS-PHILADELPHIA · N. KAMIYA-OSAKA · D. MAZIA-BERKELEY
W. MENKE-KÖLN · A. MONROY-PALERMO · A. PISCHINGER-WIEN
J. RUNNSTRÖM-STOCKHOLM · W. J. SCHMIDT-GIESSEN

BAND II

CYTOPLASMA

B

CHEMIE

2

SPEZIELLE CYTOCHEMIE UND HISTOCHEMIE

b) ORGANISCHE VERBINDUNGEN

γ) PROTEINKRISTALLE

1966
SPRINGER-VERLAG
WIEN · NEW YORK

EIWEISSKRISTALLE IN PFLANZENZELLEN

VON

IRMTRAUD THALER
GRAZ

MIT 50 TEXTABBILDUNGEN

EIWEISSKRISTALLE IN TIERISCHEN UND MENSCHLICHEN ZELLEN

VON

GERTRUDE EBERL-ROTHE
WIEN

MIT 8 TEXTABBILDUNGEN

1966
SPRINGER-VERLAG
WIEN · NEW YORK

LIBRARY OF CONGRESS CATALOG CARD NUMBER: 55-880

ISBN 978-3-211-80781-1 ISBN 978-3-7091-5483-0 (eBook)
DOI 10.1007/ 978-3-7091-5483-0

TITEL-NR. 8697

Protoplasmatologia
II. Cytoplasma
B. Chemie
2. Spezielle Cytochemie und Histochemie
b) Organische Verbindungen
γ) Proteinkristalle: Eiweißkristalle in Pflanzenzellen

Eiweißkristalle in Pflanzenzellen

Von

IRMTRAUD THALER, Graz

Mit 50 Textabbildungen

Inhaltsübersicht

Vorwort

Der Begründer und Herausgeber dieses Handbuches, mein verehrter Lehrer Prof. Dr. FRIEDL WEBER, übertrug mir vor nunmehr neun Jahren die ehrenvolle Aufgabe, den Abschnitt „Eiweißkristalle in Pflanzenzellen" zu schreiben. Darin sollten, soweit als möglich, alle in der Literatur weit verstreuten und vielfach auch schwer zugänglichen Angaben über kristallartige Eiweißeinschlüsse in Cytoplasma, Kern, Plastiden und Aleuronkörnern zusammengetragen und unseren heutigen Kenntnissen entsprechend dargestellt werden. Durch die pflanzliche Virologie wurden zur Frage der kristallartigen Eiweißeinschlüsse wesentliche neue Gesichtspunkte beigebracht, die nunmehr ausführlicher berücksichtigt werden mußten. WEBER hatte sich ja selbst viel mit Viruseinschlußkörpern befaßt; die vielen anregenden Diskussionen mit ihm waren mir eine wertvolle Hilfe.

Leider schob sich die Fertigstellung des Manuskriptes infolge beruflicher Inanspruchnahme, nicht zuletzt aber auch durch das zeitraubende Literaturstudium, immer wieder hinaus. Den Herausgebern und dem Verlag danke ich für ihr Verständnis und ihre Geduld.

Allen jenen Autoren, die Originalvorlagen zur Reproduktion zur Verfügung gestellt haben, sage ich meinen besten Dank.

Herrn Prof. Dr. F. WIDDER danke ich für wertvolle Ratschläge, Herrn Prof. Dr. O. HÄRTEL für zahlreiche Anregungen und fördernde Kritik.

Ich bin mir bewußt, daß trotz aller Bemühungen um eine möglichst umfassende Sammlung des Materials Vollständigkeit nicht erreicht werden konnte. Manche der weit verstreuten Arbeiten wird mir entgangen sein. Alle Autoren, die davon betroffen sein sollten, mögen mir dieses Versehen entschuldigen; für diesbezügliche Hinweise bin ich aufrichtig dankbar.

Graz, im November 1964.

IRMTRAUD THALER
Institut für Anatomie und
Physiologie der Pflanzen,
Universität Graz

Einleitung

Die Angaben über das erste Auftreten von geformtem Eiweiß in den Zellorganen reichen bis in die Mitte des vorigen Jahrhunderts zurück. HARTIG (1855) beobachtete diese Gebilde zum erstenmal in den Aleuronkörnern der Samen, RADLKOFER (1859) in den Zellkernen von *Lathraea*, CRAMER (1862) im Zellsaft der marinen Rotalge *Bornetia* und KLEIN (1872) in den Hyphen von Pilzen. MOLISCH (1885) entdeckte die Eiweißspindeln von *Epiphyllum*. Durch geeignete Fixierung und Färbemethoden konnten die Einschlüsse bei weiteren Algen, Pilzen, Farnen und in verschiedenen Organen der Blütenpflanzen nachgewiesen werden. Zusammenfassende Darstellungen über die Eiweißkristalle in der Pflanzenzelle findet man bei ZIMMERMANN (1893), MOLISCH (1913) und MEYER (1920). Aus diesen Arbeiten geht hervor, daß die Eiweißkristalle in den Pflanzensippen, in denen sie vorkommen, sehr verschieden verbreitet sind.

Das Kapitel „Eiweißkristalle in Pflanzenzellen" schien damals durchaus abgeschlossen. Das Interesse für diese Kristalle erwachte erst wieder, als man erkannte, daß sie als Folge einer Viruskrankheit auftreten können. IWANOWSKI (1903) hat erstmals amorphe und kristalline Einschlußkörper in mosaikkranken Tabakpflanzen gefunden, die den gesunden fehlten. Er beschrieb Kristalle von der Form hexagonaler Prismen und beobachtete ihr Entstehen aus cytoplasmatischen x-Körpern. Es folgten nun mehrere Angaben über das Auftreten von Einschlußkörpern amorpher oder kristalliner Natur in viruskranken Pflanzen (KUNKEL 1921, SMITH 1924, GOLDSTEIN 1927, HOGGAN 1927). Diese Viruseinschlüsse wurden dann eingehend und zusammenfassend von BAWDEN (1950), GOLDIN (1954) und in letzter Zeit in diesem Handbuch von SMITH (1958) behandelt. Es ist heute elektronenmikroskopisch bewiesen, daß die cytoplasmatischen x-Körper hauptsächlich aus unregelmäßig gelagerten Virusteilchen bestehen, die kristallinen Einschlüsse dagegen aus parallel liegenden Virusteilchen aufgebaut sind.

In diesem Artikel sollen sowohl Arbeiten über Eiweißkristalle, die im normalen Stoffwechsel entstehen, als auch solche, die sich mit Einschlüssen in viruskranken Pflanzen befassen, berücksichtigt werden. Eine Überschneidung mit dem Handbuchartikel von SMITH (1958) ist in manchen Fällen unvermeidlich.

Hier erscheint ein Hinweis auf den Gebrauch der Ausdrücke Kristalle bzw. Kristalloide angebracht.

Proteinkristalle unterscheiden sich in einigen Punkten von den Kristallen im mineralogischen Sinne.

1. Ihre Doppelbrechung ist wesentlich schwächer.
2. Sie sind quell- und färbbar, besitzen also eine lockere Struktur, die das Eintreten von Mikromolekülen erlaubt.

Kristalle sind undurchdringbar, ihre Auflösung geht von der Oberfläche aus. Proteinkristalle dagegen können durch ihre Quellbarkeit ihre Größe und ihre Form ändern. Dies ist wohl der Grund dafür, daß sie keine streng definierte Gestalt besitzen. Lösende Reagenzien greifen am Kristall ungleichmäßig an, bilden in seinem Inneren Höhlen oder splittern ihn auf. Sehr oft wird eine leicht lösliche Komponente ausgezogen.

Diese Unterschiede veranlaßten NÄGELI (1862) dazu, für die Eiweißkristalle den Begriff „Kristalloide" einzuführen und sie den „echten Kristallen" gegenüberzustellen.

„Heute weiß man auf Grund der Röntgenanalyse, daß die Kristallgitter der Proteinkristalle gleich gebaut sind wie die Mikromolekülgitter. Die Größe der Eiweißmoleküle bedingt jedoch freie Zwickelräume zwischen den Kugelsphären (...), in welche Wasser- und andere Mikromoleküle eintreten können. Diese ordnen sich meistens gesetzmäßig im Kristallgitter an, sind jedoch so schwach gebunden, daß sie durch Erwärmung oder Lösung daraus entfernt werden können (...). Auf Grund ihres Gitterbaues werden die kristallisierten Proteine heute als echte Kristalle betrachtet" (FREY-WYSSLING 1955, 120, 123). Aus diesem Grunde wird in den folgenden Ausführungen der Ausdruck „Kristalle" vorgezogen.

Die Eiweißkristalle können in den Pflanzen im Cytoplasma, Zellsaft, Zellkern, in den Plastiden und Aleuronkörnern vorkommen. Ob die Kristalle im Zellsaft oder im Plasma liegen, ist nicht in allen Fällen leicht zu entscheiden; deshalb werden sie im Folgenden nicht getrennt behandelt. Selten treten sie in allen Organen der Zelle gleichzeitig auf. Viel häufiger sind sie nur im Kern, im Plasma oder in den Plastiden zu beobachten. Werden aber eiweißkristallführende Pflanzen in Ca-freien Nährlösungen gezogen, so sammeln sich viele Proteinkristalle an. *Rivina humilis,* die in der Regel nur Kernkristalle führt, bildet sie dann auch im Zellsaft. *Veronica Chamaedrys,* die ursprünglich auch nur im Kern die Kristalle besitzt, bildet sie dann auch in den Plastiden aus (STOCK 1892).

Eingehender werden die fibrillären Einschlußkörper der Cactaceen behandelt, die in der letzten Zeit genau untersucht wurden. Viruskranke Cactaceen zeigen nämlich meist keine äußeren Krankheitssymptome und die amorphen und kristallinen Einschlüsse sind die einzigen Anzeichen einer Krankheit. Es handelt sich hier um latente Virusträger. Auf Grund der ausführlichen Untersuchungen von AMELUNXEN (1958) ist die Struktur dieser Gebilde und ihre biochemische Zusammensetzung genau bekannt.

Die Namen der kristallführenden Pflanzen wurden ohne Rücksicht auf inzwischen durchgeführte Nomenklaturänderungen aus der jeweiligen Originalarbeit übernommen. Bei den Pflanzennamen findet sich nur selten die Angabe des Autors, so daß es heute vielfach unmöglich ist, festzustellen, welche Pflanze tatsächlich untersucht wurde. Ein Ändern der Namen würde nur zu Irrtümern und Verwechslungen führen und den Vergleich mit der Originalarbeit erschweren. Die Autornamen, die, wie gesagt, in seltenen Fällen angegeben sind, wurden weggelassen. Die Familien wurden nach WETTSTEIN (1933, 1935) angeordnet.

I. Eiweißkristalle im Cytoplasma

1. Viruseinschlußkörper der Cactaceen

In den Epidermiszellen vieler Cactaceen treten Eiweißkörper von spindel-, ring- und fadenartiger Gestalt auf. Diese Gebilde unterscheiden sich von den Kristallen durch ihren fibrillären Bau. Derartige Formen fand erstmals MOLISCH (1885) inselartig verbreitet in der Epidermis und in den benachbarten Geweben verschiedener *Epiphyllum*-Arten[1] (Abb. 1). CHMIELEWSKY (1887), der sich vor allem mit der chemischen Natur der Spindeln befaßte, hielt sie für Globuline. Da er sie in alten Kladodien ebenso häufig fand wie in jungen und da sie beim Verdunkeln der Pflanze nicht verschwanden, hielt er diese Inhaltskörper für Ausscheidungsprodukte.

Um die gleiche Zeit fand LEITGEB (unveröff., Angabe von HEINRICHER 1889) ähnliche Inhaltskörper in den Epidermiszellen von *Opuntia virens.* GICKLHORN (1913) prüfte daraufhin eine große Zahl von *Opuntia*-Arten. Er konnte, wie MOLISCH (1885), in allen von ihm untersuchten Arten ein regelmäßiges Auftreten der Spindeln beobachten (vgl. Liste S. 9, 10). Da er sie hauptsächlich in wachsenden Organen fand, in allerjüngsten und in älteren Gewebeteilen vermißte, hielt er sie für Reservestoffe.

Neue Gesichtspunkte ergab das Pfropfen von *Epiphyllum* auf andere Kakteen. Bekanntlich werden die kultivierten *Epiphyllum*-Arten auf andere Kakteen, nämlich hauptsächlich auf *Pereskia aculeata,* aber auch auf *Opuntia brasiliensis* oder *Pereskiopsis* gepfropft. MIKOSCH (1908) fand nun

[1] *Epiphyllum truncatum* ist mit *Zygocactus truncatus* und *Schlumbergera* identisch.

auch in *Pereskia aculeata,* allerdings nicht in allen Exemplaren, Spindeln, Ringe und schleifenartige Gebilde. Er nahm an, daß die spindelbildende Substanz vom Reis in die Unterlage wandert, konnte aber nicht eindeutig feststellen, ob *Pereskia* auch allein die Fähigkeit hat, Spindeln zu bilden.

Klebahn (1928) sah in viruskranken Anemonen und in mosaikkranken Tabakpflanzen Einschlußkörper, die er mit denen von *Epiphyllum* verglich. Er vermutete als erster, daß es sich bei den Eiweißspindeln von *Epiphyllum* um ein durch ein Virus hervorgerufenes Krankheitssymptom handeln könnte. Rosenzopf (1951) löste diese Frage experimentell. Sie stellte fest, daß *Epiphyllum Bridgesii und Epiphyllum truncatum* nur dann Eiweißspindeln ausbilden, wenn sie auf *Pereskia aculeata* gepfropft werden. Aus Samen oder aus Stecklingen gezogene Pflanzen waren stets spindelfrei. Molisch (1885) sowie Mikosch (1908) dagegen gaben die Eiweißspindeln für alle *Epiphyllum*-Pflanzen an. Rosenzopf (1951) pfropfte nun spindelfreie Pflanzen auf spindelhaltige und umgekehrt. Sie beobachtete, daß das spindelbildende Agens von der spindelhaltigen Pflanze in den spindelfreien Pfropfpartner überging, gleichgültig, ob das Reis oder die Unterlage das infektiöse Agens enthielt. Auch durch Injektion von Gewebesaft spindelhaltiger Pflanzen in spindelfreie entstanden Eiweißkörper. Weiters bleibt der spindelhaltige Gewebesaft auch dann noch infektiös, wenn er das Berkefeld-Filter passiert; er behält bis zu 70 Grad seine Wirksamkeit.

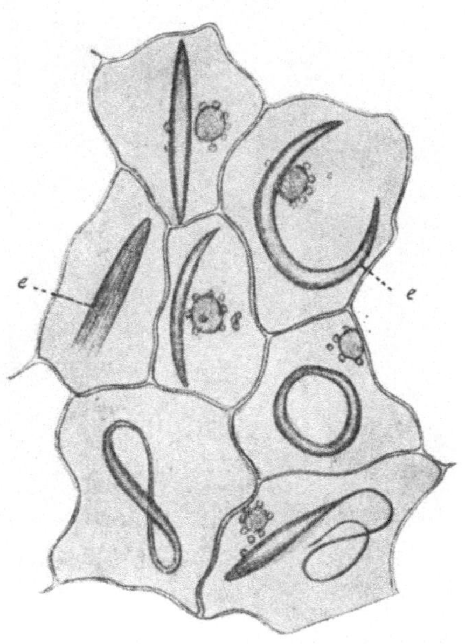

Abb. 1. *Epiphyllum.* Eiweißgebilde in der Epidermis (Molisch/Höfler 1961). Vergr. 400×.

Die Ähnlichkeit der Spindeln mit Zelleinschlüssen, die in sicher viruskranken Pflanzen (z. B. TMV vgl. S. 21) vorkommen, und das Auftreten cytoplasmatischer Einschlußkörper sprechen für eine Viruskrankheit.

Die Übertragbarkeit des spindelbildenden Agens bestätigten Weber (1954 a) durch Pfropfen eines spindellosen Sprosses von *Opuntia Kleiniae* auf spindelhältige *Opuntia subulata* und Miličić (1954) durch Überimpfen spindelhaltigen Gewebesaftes von *Opuntia brasiliensis* auf spindelloses *Epiphyllum truncatum.* Bei jener Pflanze liegt der seltene Fall vor, daß die Eiweißkörper nicht nur im Cytoplasma, sondern auch in den Zellkernen vorkommen und dort ebenfalls eine deutlich fibrilläre Struktur zeigen. Beide Einschlußkörper ließen sich auch in *Epiphyllum* wieder finden.

Der nächste Schritt war nun, das Virus zu finden und zu beschreiben, um endgültig nachzuweisen, daß es sich bei den Einschlußkörpern wirklich um Viruseinschlußkörper handelt. Von SUHOV und NIKIFOROVA (1955) und vor allem von AMELUNXEN (1956 b, 1957, 1958) wurden die Einschlußkörper der Kakteen elektronenmikroskopisch untersucht (Abb. 2). AMELUNXEN 1958 isolierte aus Homogenaten spindelhaltiger *Opuntia monacantha* fädige Teilchen von elektrophoretisch festgestellter einheitlicher Größe. Die Länge der Teilchen beträgt etwa 500 mμ und ihre Dicke 22 mμ. Die Art des linearen und lateralen Aneinanderlagerns der Virusteilchen in 25 Tage alter Lösung

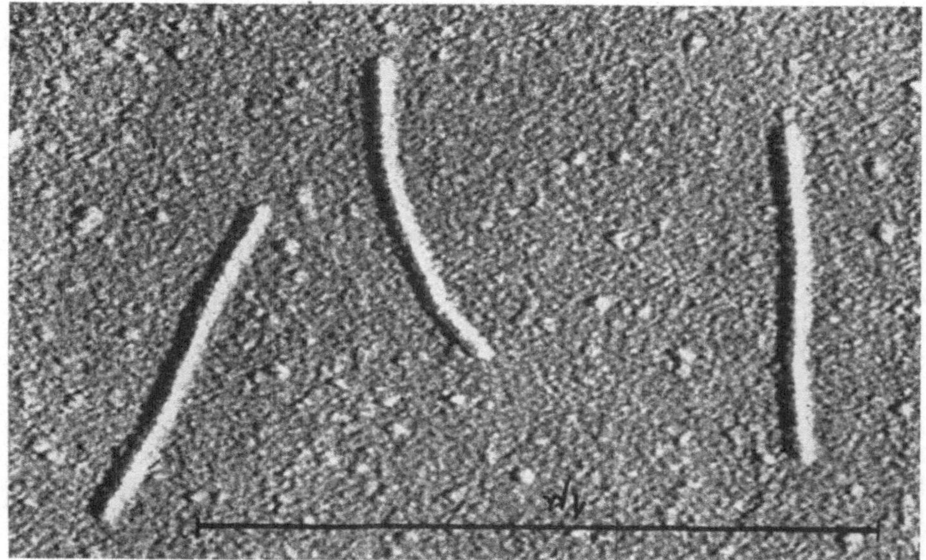

Abb. 2. Kakteen-Virus (AMELUNXEN 1958). Vergr. 90 000 ×.

zeigt die Abb. 3. BRANDES und WETTER (1959) fanden in den spindelhaltigen Kakteen zwei Arten von Viren. Den „Cactus virus 1", dessen Länge ungefähr 515 mμ beträgt (könnte mit dem von AMELUNXEN [1958] identisch sein) und den „Cactus virus 2" mit einer Länge von 650 mμ. Auch SAMMONS und CHESSIN (1961) beobachteten in den Kakteen Virusteilchen von verschiedener Länge. Die einen waren wieder 515 mμ lang, die anderen jedoch 300 mμ. Wie man aus den Angaben sieht, besteht hinsichtlich der Teilchengröße der Viren noch keine Übereinstimmung. Auf Grund absorptionsspektrometrischer und papierchromatographischer Untersuchungen bestehen die isolierten Teilchen aus Protein und einer Ribonukleinsäure. „Das Protein setzt sich aus den Aminosäuren: Asparaginsäure, Glutaminsäure, Serin, Glycin, Threonin, Alanin, Tyrosin, Valin, Phenylalanin, Leucin, Isoleucin, Prolin, Arginin, Lysin, Cystein, Tryptophan und Histidin zusammen" (AMELUNXEN 1958, S. 170). AMELUNXEN übertrug die Partikelchen auf spindelfreie Kakteen. In diesen bildeten sich dann x-Körper und verschieden geformte fibrilläre Inhaltskörper. Die Eiweißspindeln besitzen also eine parakristalline Struktur und sind aus longitudinal und lateral aggregierten Virusteilchen aufgebaut. Damit wurde die Ansicht von ROSENZOPF (1951), WEBER, KENDA und THALER (1953) und MILIČIĆ (1954), daß Eiweißkörper nur in viruskranken Kakteen auftreten, bestätigt.

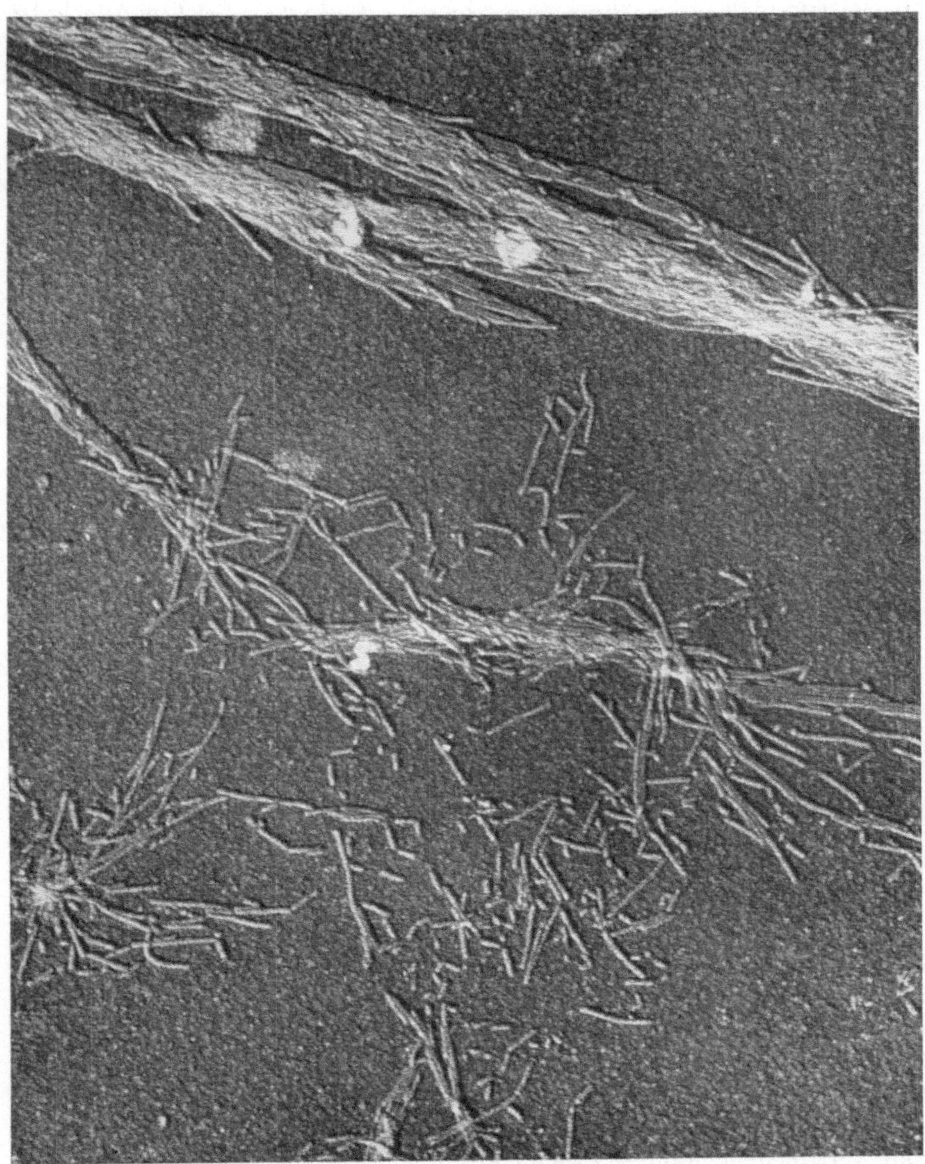

Abb. 3. Lineare und laterale Aggregation der Virusteilchen. 25 Tage alte Lösung. Verdünnungsstufe 5. Bed. W. 25°. 27 000:1 (AMELUNXEN 1958).

Merkwürdigerweise zeigen Pflanzen, die von diesen Viren befallen sind, meist keine äußeren Krankheitssymptome. Nur gelegentlich wurden äußere Veränderungen angegeben. GOLDIN und FEDOTINA (1956 b) hoben hervor, daß sich die Kakteenvirose durch keine äußeren Symptome auszeichnet und nahmen an, daß die Mosaikkrankheit, die BLATTNY und VUKOLOV (1932) bei

Epiphyllum beschrieben hatten, nicht mit der Spindelbildung zusammenhängt. Weber (1953 c) sah gelbe und rötlichbraune Flecken auf den Kladodien einer massenhaft Eiweißspindeln enthaltenden *Epiphyllum*-Pflanze. Miličić (1954, 1960) erwähnte eine schwache Fleckigkeit bei *Opuntia brasiliensis, O. monacantha* und *O. tomentosa.* Dies wurde immer nur an einzelnen Exemplaren beobachtet, weshalb es sehr fraglich ist, ob die Symptome durch das Virus bedingt sind oder ob sie durch Kulturfehler entstanden sind. Vielleicht sind die Virusteilchen verschieden virulent, so daß die Symptome in verschiedener Stärke auftreten oder auch ganz fehlen (Weber 1954 a).

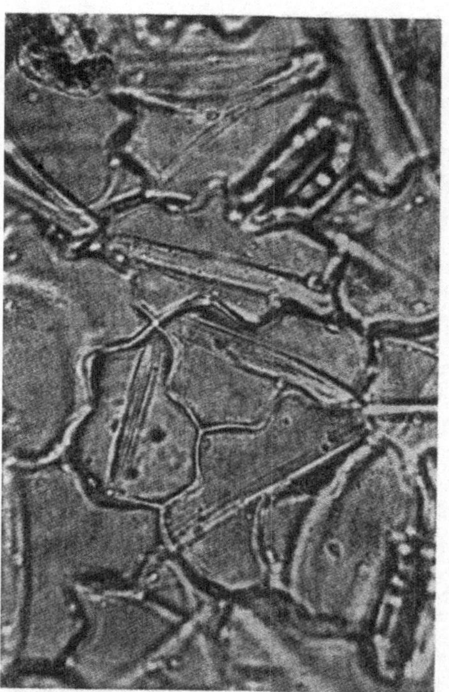

Abb. 4. *Chenopodium amaranticolor.* Eiweißspindeln in der Epidermis (Miličić 1962).

Für eine panaschierte *Opuntia monacantha f. variegata* wies Weingart (1920) nach, daß diese Panaschüre auf grüne Pflanzen derselben Art übertragbar ist. Weber, Kenda und Thaler (1952 a) und Kenda (1955) haben in manchen Zellen panaschierter Pflanzen sowohl fibrilläre Einschlußkörper als auch Stachelkugeln beobachtet. Es ist allerdings unwahrscheinlich, daß zwischen Einschlußkörpern und Panaschüren ein ursächlicher Zusammenhang besteht, da die Einschlußkörper in panaschierten wie auch in äußerlich symptomlosen Pflanzen auftreten.

Miličić und Udjbinac (1961) ist es gelungen, spindelbildendes Agens von *Opuntia monacantha* auf *Chenopodium album* und *Chenopodium amaranticolor* zu übertragen. Zum Unterschied von virusinfizierten Kakteen, die in allen oberirdischen Teilen Einschlußkörper ausbilden, entstanden bei *Chenopodium* nur im Bereich der Infektionsstellen Eiweißspindeln, die ebenso wie bei den Kakteen aussehen (Abb. 4). Doch treten bei *Chenopodium* auch äußere Krankheitssymptome nach Infektion mit dem Kakteenvirus binnen 20—45 Tagen auf. Vor allem zeigten sich an den Blättern chlorotische Flecken mit grünen Höfen und verschiedene andere Läsionen: nur dort bilden sich die Einschlußkörper aus.

Miličić (1962) übertrug das Kakteenvirus auch auf *Beta vulgaris* und *Agrostemma githago.* Diese Pflanzen ließen keine äußeren Krankheitszeichen erkennen. Die Einschlußkörper entwickelten sich nur in der Blattspreite und kamen im Blattstiel nicht mehr vor. Auch das TMV bleibt in den Blattspreiten lokalisiert und kann sich von da nicht in andere Pflanzenteile ausbreiten; vermutlich wird es im Blattstiel inaktiviert (Suhov 1956).

In der nachfolgenden Tabelle sind die Cactaceen, die kristallisierte Einschlußkörper enthalten, zusammengestellt:

Cereus Bonplandii	Goldin und Fedotina 1956 b	Spindeln, Nadeln
C. hamatus	Goldin und Fedotina 1956 b	
C. peruvianus	Goldin und Fedotina 1956 b	
Echinocereus procumbens	Goldin und Fedotina 1956 b	
Echinopsis nigerrima	Goldin und Fedotina 1956 b	
Epiphyllum Altensteinii	Molisch 1885	vorwiegend Spindeln, seltener Ringe, Fäden und Schleifen
E. Bridgesii	Rosenzopf 1951	
E. Hookeri	Molisch 1885	
E. oxypetalum	Goldin und Fedotina 1956 b	
E. Russelianum	Molisch 1885	
E. truncatum	Molisch 1885	
Opuntia brasiliensis	Miličić 1954	
O. cananchica	Gicklhorn 1913	
O. curassavia	Amelunxen 1958	
O. cylindrica	Amelunxen 1958	
O. Engelmannii	Amelunxen 1958	
O. filipendula	Amelunxen 1958	
O. fragilis	Amelunxen 1958	
O. grandis	Amelunxen 1958	
O. haematocarpa	Amelunxen 1958	
O. herrfeldtii	Amelunxen 1958	rechteckige Fibrillenbündel, keilige Formen, Spindeln quergestreift
O. inermis	Miličić 1956 a, 1960	Spindeln, Nadeln, rhombenförmige Plättchen auch in den Schließzellen
O. Kleiniae	Weber 1954 a	Spindeln, Nadeln
O. lemaireana	Amelunxen 1958	Spindeln und Nadeln, im Cytoplasma und im Kern
O. leucotricha	Amelunxen 1958	Spindeln meist fibrillär
O. lindheimeri	Amelunxen 1958	
Opuntia maxima	Gicklhorn 1913	Spindeln, seltener peitschenartige Bildungen oder Fäden
O. microdasys	Gicklhorn 1913	
O. missouriensis	Gicklhorn 1913	
O. monacantha	Gicklhorn 1913, Weber, Kenda und Thaler 1952 a, Amelunxen 1958, Miličić 1960	Spindeln, Nadeln und Stachelkugeln
O. monacantha f. variegata	Kenda 1955	Spindeln
O. Raffinesquii	Gicklhorn 1913	Spindeln, seltener Peitschen, Fäden oder Ringe
O. robusta	Gicklhorn 1913	
O. spirocentra	Gicklhorn 1913	
O. subulata	Weber und Kenda 1952 a	Spindeln, „Zebraspindeln“

O. tomentosa	MILIČIĆ 1960	Spindeln, hexagonale Kristalle im Cytoplasma, Zellkern und Zellsaft
O. virens	LEITGEB zitiert nach HEINRICHER 1889	Spindeln, Ringe, stabförmige und schleifenförmige Gebilde
O. vulgaris (= *humifusa*)	GICKLHORN 1913	
Pereskia aculeata	MIKOSCH 1908	
P. Sacharosa	ROSENZOPF 1951	
Pereskiopsis pititache	WEBER, KENDA und THALER 1953, WEBER 1953 a	Spindeln, Ringe, Scheiben, Eiweißpolyeder
P. spathulata	MOLÈ-BAJER 1953	Spindeln, Ringe, band- und schleifenartige Gebilde
Phyllocactus anguliger	GOLDIN und FEDOTINA 1956 b	
P. oxypetalus	GOLDIN und FEDOTINA 1956 b	
Rhipsalis cereuscula	WEBER und KENDA 1952 b	Spindeln, Fäden, Ringe, drusenartige Eiweißkristalle

2. Entstehen kristalliner Einschlüsse in cytoplasmatischen x-Körpern (besonders von Cactaceen und *Nicotiana*

Cytoplasmatische Einschlußkörper sind die ersten und manches Mal auch die einzigen sichtbaren Zeichen einer Virose. IWANOWSKI (1903) beschrieb erstmals in den Palisadenzellen mosaikkranker Tabakblätter amöboide Inhaltskörper und kristallartige Plättchen. GOLDSTEIN (1926) untersuchte eingehend beide Einschlüsse, faßte die verschiedenen Ansichten über die amorphen Einschlüsse zusammen und prägte den Ausdruck x-bodies. SHEFFIELD (1931, 1939) beschäftigte sich mit den Einschlußkörpern, die durch das *Aucuba*-Tomatenmosaikvirus entstehen. Seit diesen ersten Arbeiten findet man zahlreiche Literaturangaben über das Entstehen und Weiterentwickeln dieser protoplasmatischen x-Körper (zusammenfassende Literatur bei BAWDEN 1950, KÜSTER 1956, SMITH 1958).

Nach der Virusinfektion wird die Plasmaströmung auffallend beschleunigt und die kleinen Eiweißteilchen, die im Cytoplasma auftauchen, werden von ihr mitgenommen. Die Partikeln aggregieren und bilden verschieden große x-Körper. Es sind dies meist runde oder ovale Plasmaansammlungen, die sehr häufig in der Nähe des Zellkernes anzutreffen sind. Das ist nicht überraschend, da angenommen wird, daß die Ribonukleoproteide des Cytoplasmas aus dem Kern geliefert werden. Die x-Körper werden mit dem strömenden Protoplasma befördert und können ihre Gestalt amöboid verändern. Chemisch sind sie aus Eiweiß, Fetten und Lipoiden aufgebaut (KASSANIS and SHEFFIELD 1941, vgl. auch REITER 1957). In jungen Stadien sind sie meist fein granuliert, enthalten Öltröpfchen und bilden manchmal kleinere oder größere Vakuolen aus. Aus diesen Plasmamassen entstehen schließlich Fibrillen, Spindeln und Kristalle.

Schon MIKOSCH (1890) hat in den Zellen von *Oncidium microchilum* die granulären Plasmamassen, die mit den x-Körpern identisch sind, als spindelbildende Substanz erkannt. BAWDEN (1950) und GOLDIN (1954 a) geben die

Viruskrankheiten an, die immer von x-Körpern begleitet sind. Da die Morphologie der cytoplasmatischen Einschlußkörper und ihre Entwicklung in verschiedenen viruskranken Pflanzen ähnlich ist, möchte ich von den Einschlußkörpern der in jüngster Zeit besonders eingehend untersuchten *Cactaceae* ausgehen.

In den Epidermiszellen von *Pereskiopsis pititache* beschrieben WEBER, KENDA und THALER (1953) besonders große x-Körper, die nicht in der Nähe des Kernes liegen (Abb. 5). Sie erscheinen als dicke Scheiben; vergrößert sich die zentrale Vakuole und wird dadurch die Granulamasse an die Peri-

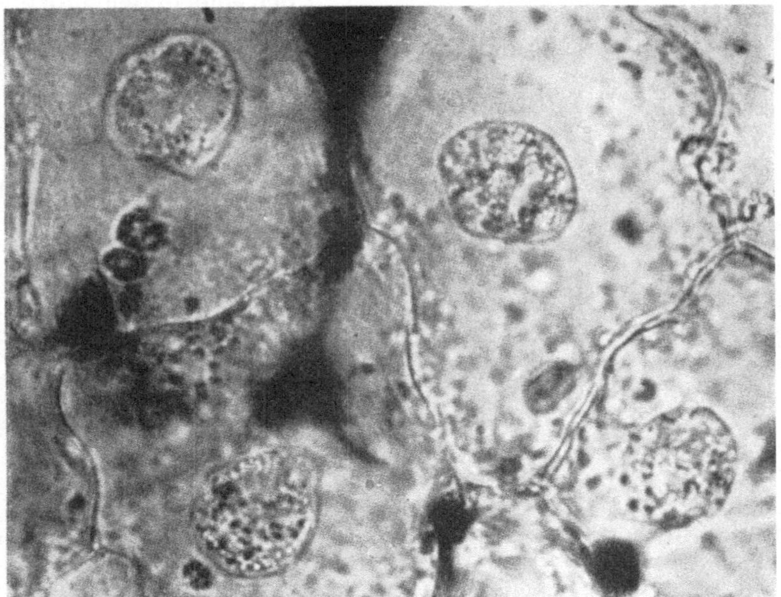

Abb. 5. *Pereskiopsis pititache.* Epidermiszellen mit cytoplasmatischen Einschlußkörpern (WEBER, KENDA und THALER 1953).

pherie gedrängt, so könnte ein Ring entstehen (Abb. 6). Es wäre auch denkbar, „daß die X-bodies, die sich nicht selten spindelförmig verlängern, die Tendenz haben, sich ringförmig einzukrümmen" (WEBER, KENDA und THALER 1953, 241). Von den Ringen der übrigen Kakteen unterscheiden sich die von *Pereskiopsis* durch ihren granulären Bau (Abb. 6 a). Sehr oft findet man in den x-Körpern doppelbrechende Spindeln und Stäbe eingeschlossen, die später aus dem Einschlußkörper herausragen. Manches Mal vereinen sich die Eiweißstäbe untereinander zu einem Netz (Abb. 7).

Eine ähnliche Entwicklung der Spindeln beschrieb MOLÈ-BAYER bei *Pereskiopsis spathulata.*

Die x-Körper von *Opuntia subulata* sind entweder granulär oder bestehen aus einem Gewirr von Eiweißfäden (Abb. 8, WEBER und KENDA 1952 a). In jenen entstehen zarte Eiweißkristalle, die sich zu größeren spindeligen oder anders geformten Einschlußkörpern vereinigen; sie können aber auch ungeordnet im x-Körper bleiben (WEBER, KENDA und THALER 1952 b).

X-Körper anderer *Opuntia*-Arten und ihre Entwicklung untersuchte AMELUNXEN (1956 a, 1958) und unterschied drei verschiedene Typen.

1. Feingranulierte cytoplasmatische x-Körper von fast runder Form, beim Kern liegend, konnte er bei *Opuntia curassavica*, *O. lindheimeri* und *O. leucotricha* beobachten. Ältere x-Körper werden länglich und bilden Fibrillen aus, die immer zahlreicher werden, während sich die Granula stark vermindern. Schließlich legen sich die Fibrillen zu einer Spindel zusammen und die Granula werden unsichtbar (vgl. Abb. 9 *a*—*f*). Daraus kann man mit AMELUNXEN (1958) schließen, daß die lichtmikroskopischen Fibrillen der Spindeln aus der Granula-Masse aufgebaut werden. Die Entwicklung zu Spindeln geht relativ langsam vor sich und daher sind die x-Körper in virusinfizierten Pflanzen häufig anzutreffen. Sehr ähnlich ist das Entstehen der „needle-like fibres" aus den amorphen x-Körpern des Aucuba Mosaiks (KASSANIS und SHEFFIELD 1941).

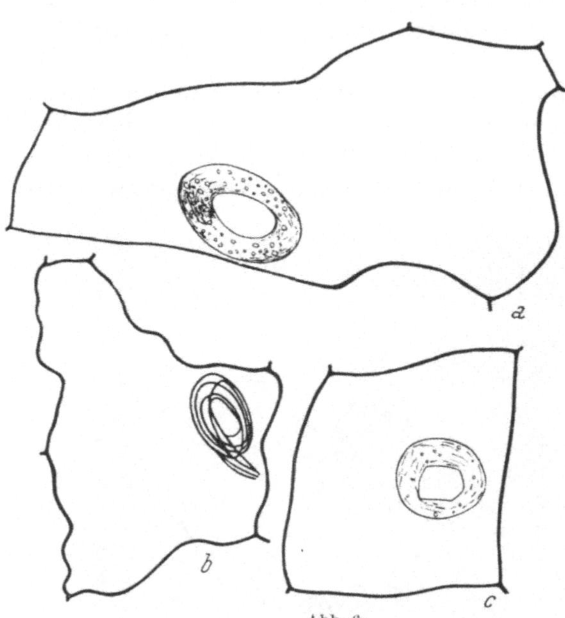

Abb. 6.

Abb. 7.

Abb. 6. a—c. *Pereskiopsis pititache*. Epidermiszellen mit ringförmigen Einschlußkörpern (WEBER, KENDA und THALER 1953).

Abb. 7. *Pereskiopsis pititache*. Epidermiszellen mit retikulärem x-Körper (WEBER, KENDA und THALER 1953).

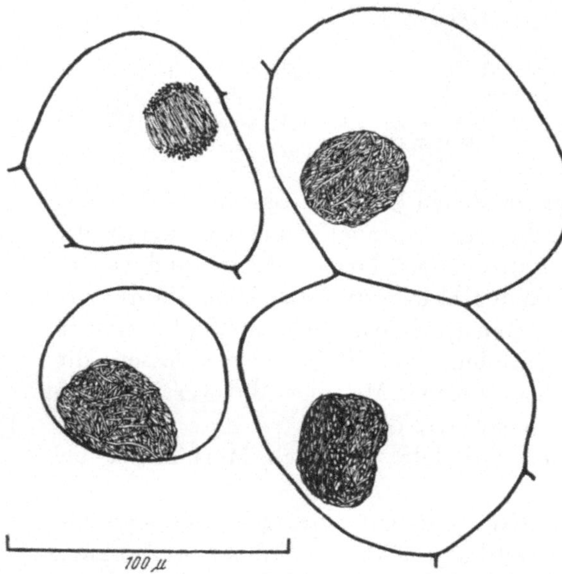

Abb. 8. *Opuntia subulata*. Mesophyllzellen, x-Körper mit dichtem Knäuel von Eiweißfäden (WEBER und KENDA 1952 a).

2. X-Körper, die nur in jungen Stadien scharf begrenzt sind, später ganz unregelmäßig geformt sind und schließlich zerfallen. Sie kommen in den

Rindenzellen von *Opuntia herrfeldtii* und *O. lemaireana* vor und „bestehen aus stark lichtbrechenden fädigen Gebilden, den sogenannten Schleifen, welche 0,5 μ breit und 2 bis 3 μ lang sind" (AMELUNXEN 1958, 150). Nach Zerfall des x-Körpers legen sich die Schleifen der Länge nach aneinander,

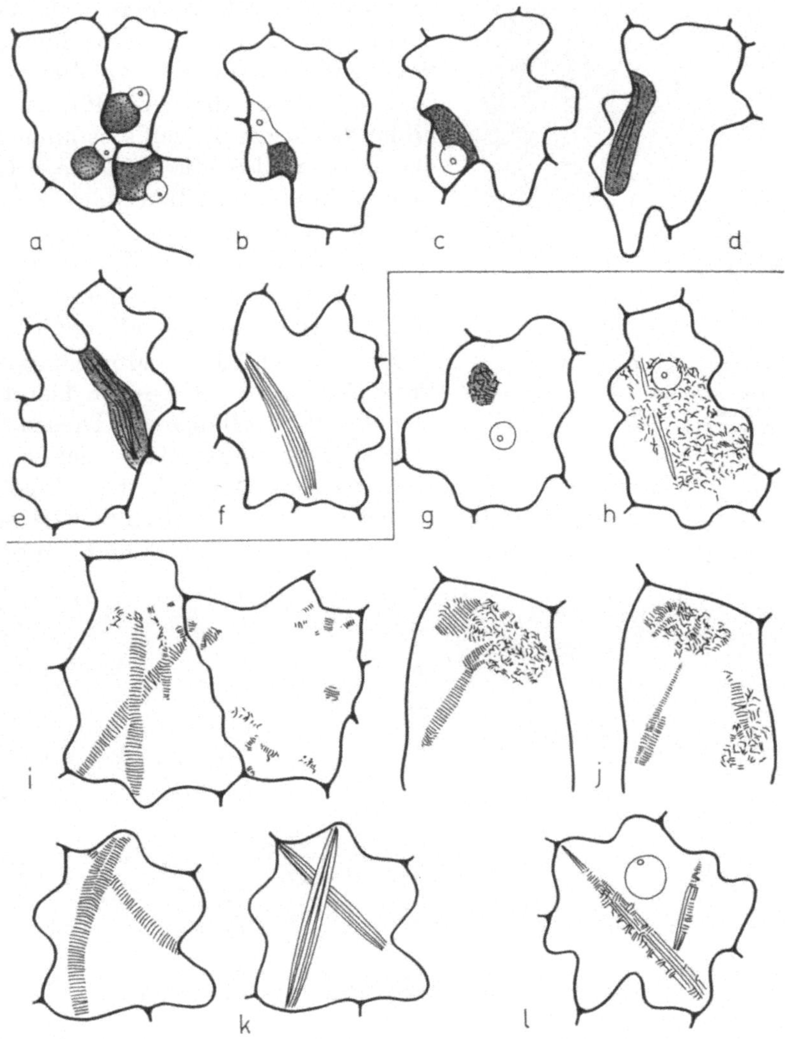

Abb. 9. a—f. *Opuntia leucotricha*. Entwicklung der Eiweißspindeln aus granulären x-Körpern. g—l. *Opuntia herrfeldtii*. Entwicklung der Eiweißspindeln aus den Schleifen zerfallender x-Körper (AMELUNXEN 1958).

wobei quergestreifte Spindeln entstehen. Durch Abnahme der Lichtbrechung werden diese homogen (vgl. Abb. 9 *g—l*). Einen Übergang stellt die Abb. 9 *l* dar, in der die Eiweißspindeln teils quer- und teils längsgestreift sind. Diese Entwicklung läuft rasch ab und ist nur nach Infektionsversuchen oder in jungen Sprossen zu beobachten. Auf Grund polarisationsoptischer Untersuchungen hält es AMELUNXEN (1956 a) für wahrscheinlich, daß die Schleifen aus feinsten, senkrecht zu ihrer Längsachse gerichteten Stäbchen aufgebaut sind.

3. Eine dritte Form der x-Körper fand AMELUNXEN (1956 a). Granuläre cytoplasmatische Einschlußkörper, die ebenfalls Schleifen ausbilden und sich schließlich blasig weiterentwickeln, treten in der Blütenblatt-Epidermis von *Opuntia monacantha* auf. Die Blasen „entmischen sich in eine Vakuole und einen von ihr im Brechungsindex deutlich unterschiedenen Randteil" (AMELUNXEN 1956 a, 165, Abb. 10). In diesen bilden sich die Eiweißkriställchen, aus denen vermutlich die Spindeln entstehen. In den Epidermiszellen der Tragblätter junger Kladodien von *Opuntia monacantha* enthalten die x-Körper Schleifen, deren Lichtbrechung allmählich abnimmt und die sich zu Stachelkugeln ordnen.

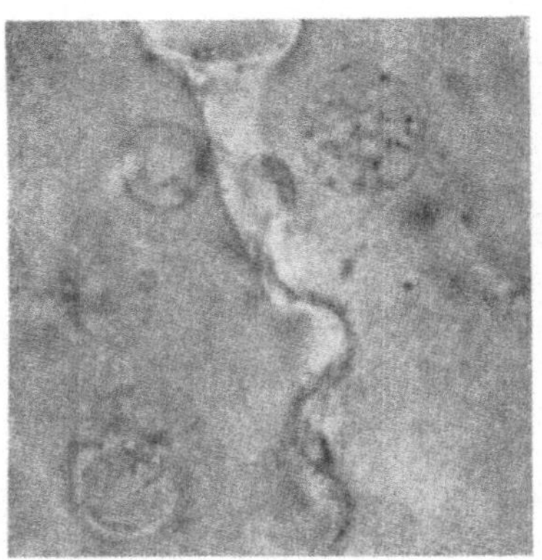

Abb. 10. *Opuntia monacantha*. Blütenblattepidermis. Granulierter x-Körper mit zahlreichen Blasen (AMELUNXEN 1956 a). Vergr. 840 ×.

Die verschiedene Morphologie und Entwicklung der x-Körper hängt wohl von der Wirtspflanze ab. Diesen Schluß konnte AMELUNXEN (1958) ziehen, da er *Opuntia herrfeldtii* und *O. leucotricha* mit dem gleichen Virus infizierte und dabei die oben beschriebenen Typen beobachtete. Nicht nur beim Kakteenvirus sind solche Unterschiede bekannt, sondern auch beim

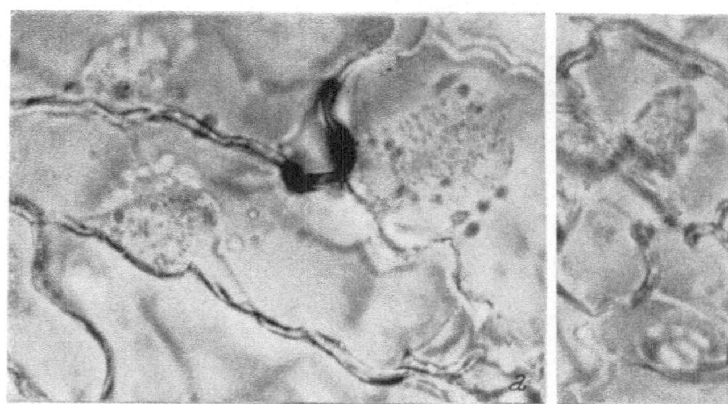

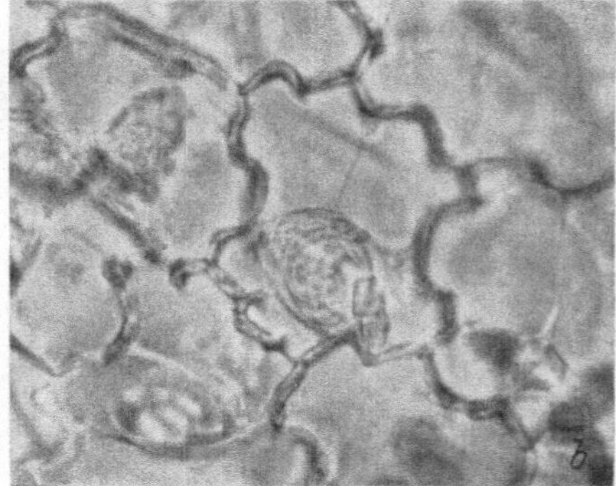

Abb. 11 a u. b. *Nicotiana*. Entwicklung der Schleifen aus cytoplasmatischen Ballungen im Blütenbereich. Vergr. 700 ×. a. Cytoplasmaballen. b. Schleifenfrühstadium (WEHRMEYER 1960 a).

TMV (vgl. SHEFFIELD 1931, 1934). WEHRMEYER (1960 a) beschrieb Cytoplasmaballen TMV-kranker *Nicotiana*, die lichtbrechende Partikeln und „feinfibrilläre, stark gewundene Aggregate" (S. 173) enthalten. Sie bilden sich zu zarten Schleifen um, die am Rande des Cytoplasmaballens liegen und schließlich dessen Hülle sprengen und sich in der ganzen Zelle ausdehnen (Abb. 11 *a*, *b*). Die „cytoplasmatische Ballung" wird dabei zum Großteil verbraucht; bleiben größere Mengen zurück, so entwickeln sich aus diesen Blöckchen, die sich zu Prismen vereinigen. WEHRMEYER (1960 a) setzt die Cytoplasmaballen nicht den von ihm nur selten beobachteten x-Körpern gleich.

In manchen viruskranken Pflanzen fehlt den cytoplasmatischen Einschlußkörpern die Fähigkeit, kristalline Einschlüsse zu bilden, z. B. in mosaikkranken *Rumex obtusifolius* (Miličić und Bralić 1958), in *Aichryson domesticum*, und zwar sowohl in der variegaten als auch in der nicht variegaten Form (vgl. Weber 1954 b, Weber und Reiter 1958).

Scharinger (1936) fand in den Epidermiszellen der Perianthblätter von *Delphinium cultorum* Cytoplasmakugeln, die in Einzahl, manchmal aber auch bis zu viert in einer Zelle auftreten. Sie sind keineswegs in allen Epidermiszellen vorhanden, sondern sind nur in manchen Zellgruppen zu finden. Reiter und Weber (1958) untersuchten verschiedene *Delphinium*-Arten auf das Vorkommen der „Scharinger Körper" und konnten sie außer in der bereits genannten nur noch bei *Delphinium californicum* beobachten. Diese Gebilde verhalten sich gegenüber dem lipophilen Fluorochrom Coriphosphin gleich wie die x-Körper viruskranker *Aichryson domesticum*-Blätter; sie fluoreszieren sehr stark gelbgrün. Auf Grund ihres sporadischen Vorkommens und ihres fluoreszenzoptischen Verhaltens glauben Reiter und Weber (1958) auch diese Cytoplasmakugeln für Viruseinschlußkörper halten zu können.

3. Morphologie der fibrillären Einschlußkörper von Cactaceen und *Nicotiana*

Zahlreiche viruskranke Pflanzen zeichnen sich durch eine große Formenmannigfaltigkeit der fibrillären Einschlußkörper aus. Am besten wurde ihre Morphologie bei viruskranken Kakteen (Lit. bei Küster 1956) und bei den an TMV erkrankten Pflanzen (Bawden 1950) studiert. Jene bilden im Cytoplasma homogene, fibrilläre, verflochtene Spindeln, rechteckige Fibrillenbündel, Ringe, Schleifen und Nadeln. In den Zellen von *Opuntia brasiliensis* und *O. lemaireana* kommen die Kristalle nicht nur im Cytoplasma, sondern auch im Kern vor (Miličić 1954, Amelunxen 1958). Eine Übersicht über den Formenreichtum der Viruseinschlüsse bei Kakteen soll die Abb. 12 geben.

Das Kakteenvirus zeichnet sich dadurch aus, daß es in der Subepidermis und Epidermis mit Ausnahme der Schließzellen vorkommt. Nur in *Opuntia inermis* wurden die Einschlußkörper auch in den Schließzellen gefunden (Abb. 13, Miličić 1956 a). Spindeln mit Längsfibrillen kommen häufiger vor als homogene, sie wurden von Küster (1956) als „Eiweißfibrillenbündel" bezeichnet. Die Fibrillen liegen in einer vom Cytoplasma abgesonderten Substanz, die Molisch (1885) Zwischensubstanz nannte. Reiter 1956 a ließ 96%igen Alkohol auf homogene Spindeln von *Epiphyllum* einwirken, worauf sie in zahlreiche zopfartig verflochtene Fibrillen zerfielen (Abb. 14). Nach längerer Alkoholeinwirkung entflechten sich diese und füllen die ganze Zelle aus, bis sie sich schließlich auflösen. Spindeln, die aus tordierten und verflochtenen Fibrillen zusammengesetzt waren, sahen Weber und Kenda (1952 b) in lebenden Zellen von *Rhipsalis cereuscula.* Auch in den Epidermiszellen der Zwiebelschuppen von viruskrankem *Lilium tigrinum* und der Tragblattunterseite von viruskrankem *Phajus grandifolius* beobachtete Thaler (1956 b, 1961) gleiche Formen (Abb. 15).

In den Zellen der Blütenblätter von *Rhipsalis cereuscula* bestehen die Viruskörper aus einem Gewirr feiner zarter Fäden, die entweder ungeordnet sind oder sich zu Spindeln zusammenlegen. Oft kann man nadelförmige Kristalle zu Haufen beisammen liegend finden. Diese im Cytoplasma liegenden Kriställchen ordnen sich oft zu Strängen. Ob dabei die

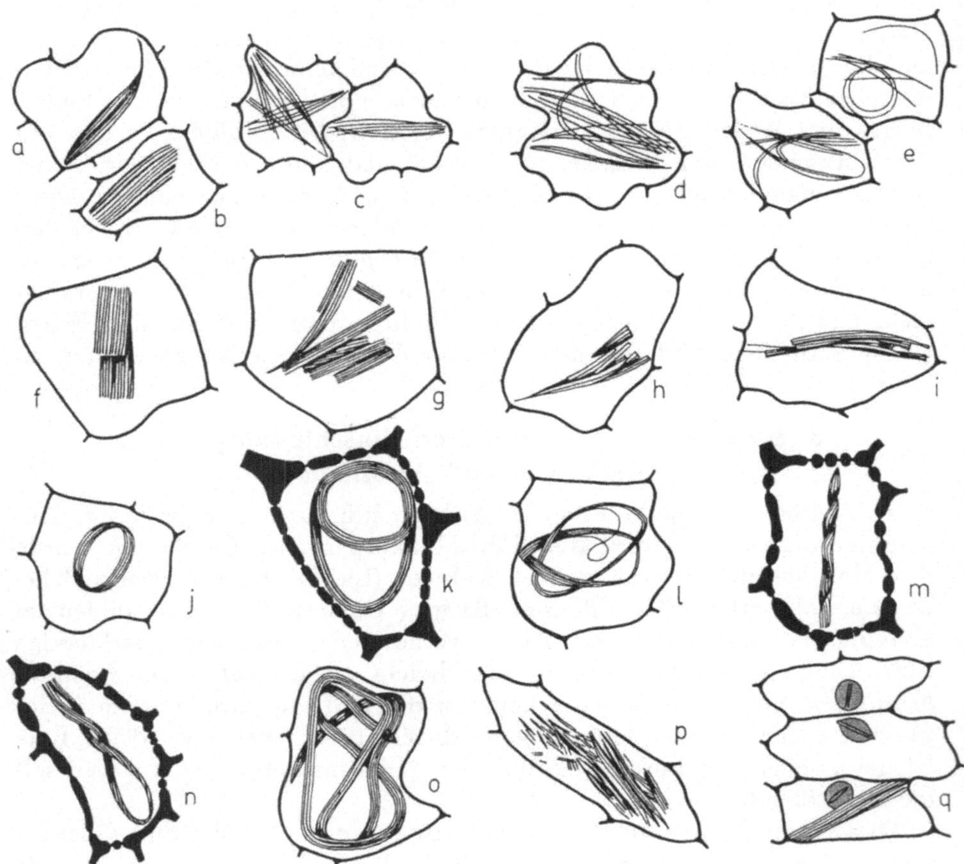

Abb. 12. Verschiedene Formen der Viruseinschlüsse in Kakteenzellen. a, b, j—o. *Opuntia monacantha*. c—e. *Epiphyllum truncatum*. f—i. *Opuntia herrfeldtii*. p, qu. *Opuntia lemaireana* (AMELUNXEN 1958).

Cytoplasmaströmung maßgebend beteiligt ist, oder ob andere Kräfte die Kristalle ausrichten, ist unbekannt. Die nadelförmigen Kriställchen legen sich zu längeren Fasern zusammen, die eine Spindel bilden. Nur selten ordnen sich die Kriställchen um ein Zentrum zu einer Druse.

Die Bildung von Achtern und Ringen, die nicht so häufig sind, stellt man sich so vor, daß die Spindeln stark in die Länge wachsen und sich dann aus Raumnot biegen: wachsen sie mit den Spitzen zusammen, entstehen Ringe und in weiterer Folge auch achterähnliche Figuren (KÜSTER 1934, BAWDEN 1950, WEBER 1951 a). Es wurden aber auch oft verhältnismäßig kleine Ringe, die nicht aus Raumnot entstanden sein können, z. B. in *Rhipsalis* von WEBER und KENDA (1952 b) beschrieben. Diese Ringe können in der lebenden Zelle ihre Lage rasch verändern; und aus ihnen können durch Drehen achterähnliche Figuren entstehen, die sich gelegentlich wieder in Ringe zurückverwandeln. Die Ursache dieser Drehungen ist unbekannt. WEBER und KENDA (1952 b) halten sie für Spannungsänderungen im Eiweißkörper.

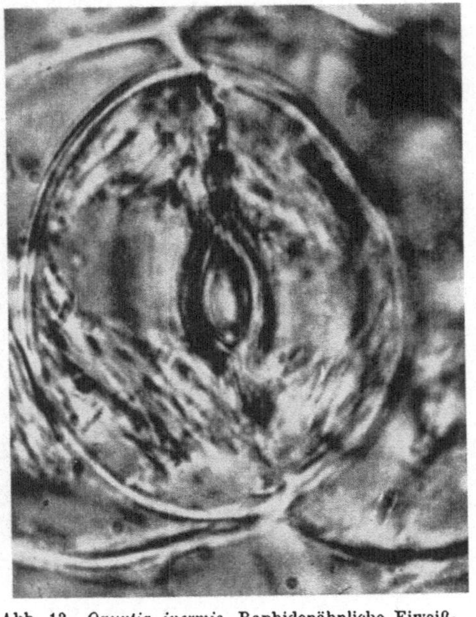

Abb. 13. *Opuntia inermis*. Raphidenähnliche Eiweißspindeln in einer Schließzelle (MILIČIĆ 1956 a)

KLEBAHN (1928) beobachtete in fixierten Phloemzellen viruskranker Pflanzen (*Abutilon Thompsoni*, *Solanum tuberosum*) Gebilde, die er wegen ihrer Ähnlichkeit mit Trypanosomen Trypanoplasten nannte. WEBER (1951 b) fixierte Gewebeschnitte, die Eiweißspindeln enthielten, mit Flemming oder mit Jodjodkali. Dabei nahmen die Einschlußkörper korkzieherartige Gestalt an, weshalb er vermutete, daß die Trypanoplasten nur ein Fixierungsartefakt darstellen.

Quergestreifte Eiweißspindeln und Bänder beschrieben WEBER und KENDA (1952 a) in den Epidermiszellen von *Opuntia subulata*. Doppelbrechende Kristallpaketzonen wechseln mit einer isotropen Zwischensubstanz ab (Abb. 16). AMELUNXEN (1956 a) vermutet, daß die Schleifen, aus denen die Spindeln gebildet werden, sich mehrfach aggregieren, und daß daher „Pakete von Eiweißkristallen“ in der Spindel entstehen. An Hand seiner Beobachtungen an *Opuntia monacantha*, die ebenfalls quergestreifte Spindeln enthält, kommt er zur Ansicht, daß es sich wahrscheinlich auch hier um parallel gelagerte Schleifen handelt, „die nun aber in sich aufgelockert sind und damit nicht mehr homogen erscheinen, sondern ihre strukturelle Zusammensetzung aus feinen Stäbchen erkennen lassen“ (AMELUNXEN 1956 a, 168). Die Länge dieser Stäbchen beträgt 0,4 bis 0,5 μ. Hier sind die Schleifen nicht aggregiert, ihre Länge entspricht der Breite der Schleifen, die 0,4 bis 0,5 μ beträgt und ist identisch mit der Breite der oben beschriebenen Schleifen. Solche „Zebraspindeln“ beobachtete THALER (1956 b) in den Epidermiszellen der Zwiebelschuppe von *Lilium tigrinum* (Abb. 17). Es ist sonderbar, daß Körper von so komplizierter Struktur, wie diese quergestreiften Spindeln, in ganz verschiedenen

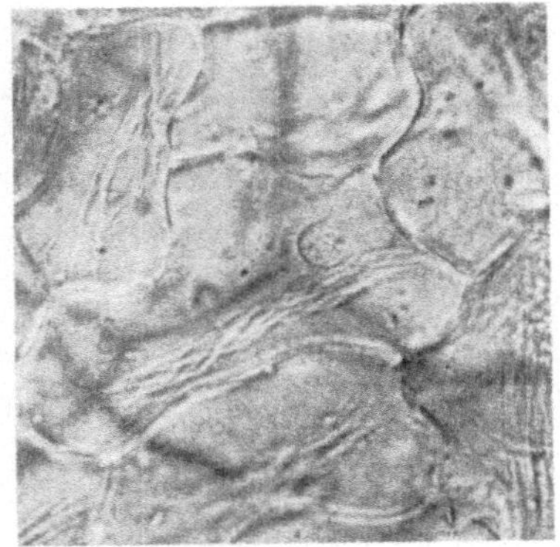

Abb. 14. *Epiphyllum truncatum*. Eiweißspindeln nach Alkoholbehandlung (REITER 1956 a).

Pflanzen gebildet werden. Vielleicht ist in diesem Fall der die Form fixierende Faktor nicht das Protoplasma der artverschiedenen Pflanzen,

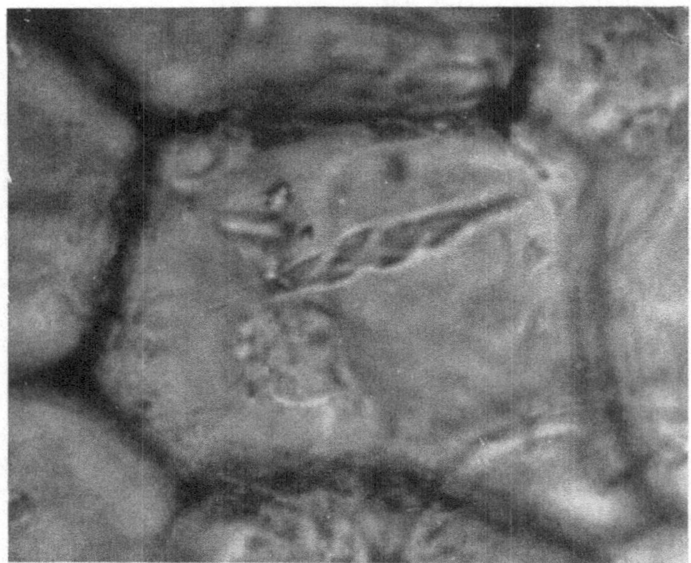

Abb. 15. *Phajus grandifolius.* Epidermiszelle der Tragblattunterseite; zopfartige Eiweißspindel (THALER 1961 a).

sondern ein gleiches oder ähnliches Virus, das auch artungleiche Protoplasten dazu bringt, morphologisch ähnliche Einschlußkörper entstehen zu lassen.

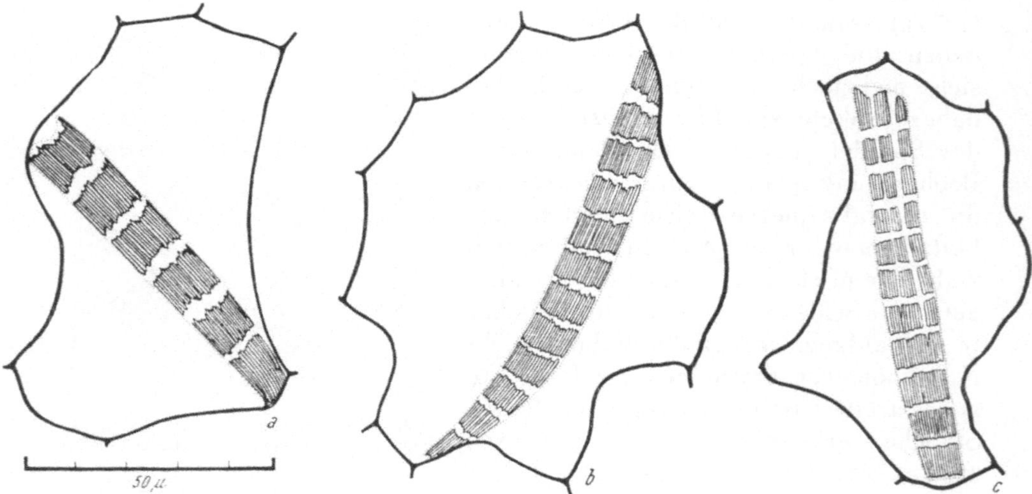

Abb. 16. *Opuntia subulata.* Epidermiszellen mit quergestreiften Eiweißspindeln (WEBER und KENDA 1952 a).

Bei manchen Kakteen, wie *Epiphyllum, Opuntia subulata,* steht die Größe der Eiweißspindeln in Relation zur Größe der Zelle, in der sie liegen. Die Spindeln der größeren Zelle sind nicht nur länger, sondern auch breiter als die von kleinen Zellen. Bei *Valerianella* dagegen besitzen große Zellen verhältnismäßig kleine Spindeln. In diesem Fall kann nicht von einer Zell-Spindelrelation gesprochen werden (THALER 1954).

Der fibrilläre Aufbau homogen erscheinender Spindeln läßt sich durch Quellungsversuche nachweisen (KÜSTER 1934). Nach Einwirken von 1 mol

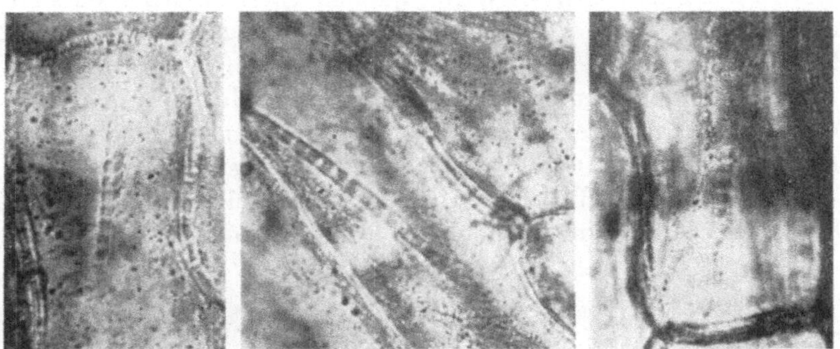

Abb. 17. *Lilium tigrinum*. Epidermiszellen der Zwiebelschuppe, quergestreifte Eiweißspindeln (THALER 1956 b).

KSCN-Lösung auf homogene Spindeln von *Opuntia monacantha* nehmen sie allmählich fibrilläre Struktur an. AMELUNXEN (1956 b) nannte diesen Vor-

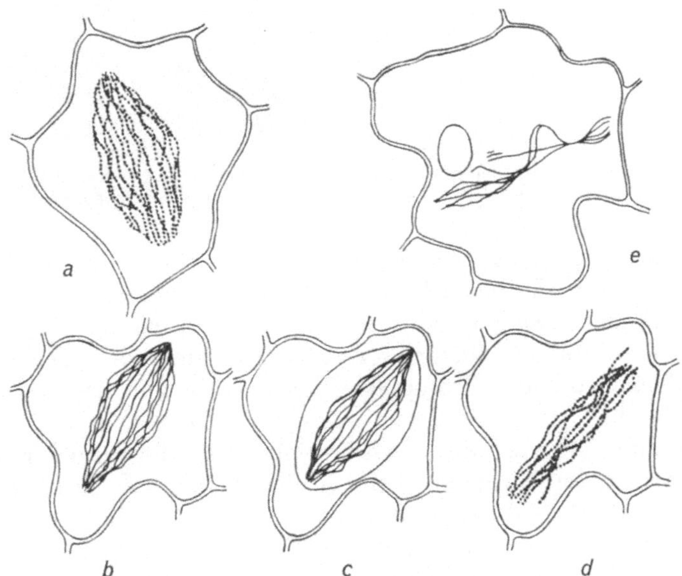

Abb. 18. *Opuntia monacantha*. Quellung von Spindeln mit 0,5%igem NaOH nach vorherigem Fixieren mit $n/10$ Jodlösung. a) Spindel ohne Zwischensubstanz. b—d) Spindel mit interfibrillärer Zwischensubstanz. c) Unregelmäßige Quellung nach Säurefuchsinfärbung (AMELUNXEN 1956b).

gang „Entbündelung". Die Zwischensubstanz quillt sehr stark und mischt sich schließlich mit dem Cytoplasma. Die Fibrillen wandeln sich in deutliche Granulaschnüre um. Lichtmikroskopisch zeigen die ungefähr 0,3 μ großen Granula keine Verbindungsstücke. Es scheinen trotzdem welche vorhanden zu sein, weil bei BROWNscher Molekularbewegung die Granula immer zu einer Schnur vereinigt bleiben.

Weitere Quellungsversuche führte Amelunxen (1956 b) mit Osmiumsäuredämpfen oder mit n/10 Jodlösung durch. Auch die interfibrilläre Substanz läßt sich nach Jodfixierung mit 0,2%iger Säurefuchsinlösung färben. Mit Jodjodkalium fixierte und bereits gequollene Spindeln lassen sich mit 0,5%iger NaOH oder 1% KOH weiter quellen. Es entstehen wieder Granulaschnüre (Abb. 18). Diese Versuche gelingen allerdings nicht immer, sehr oft verschwinden die Spindeln, ohne sich vorher in Fibrillen aufzulösen. Unter dem Einfluß von Chloralhydrat verkürzen sich die Fibrillenbündel und ballen sich zu einer Kugel. Ein Verflüssigen der Spindelsubstanz kann auch durch erhöhte Temperatur bewirkt werden (Küster 1934).

Mechanischen Eingriffen halten die Spindeln nicht stand (vgl. Goldin und Fedotina 1956 b). Eine Spindel von *Opuntia monacantha,* die mit einer

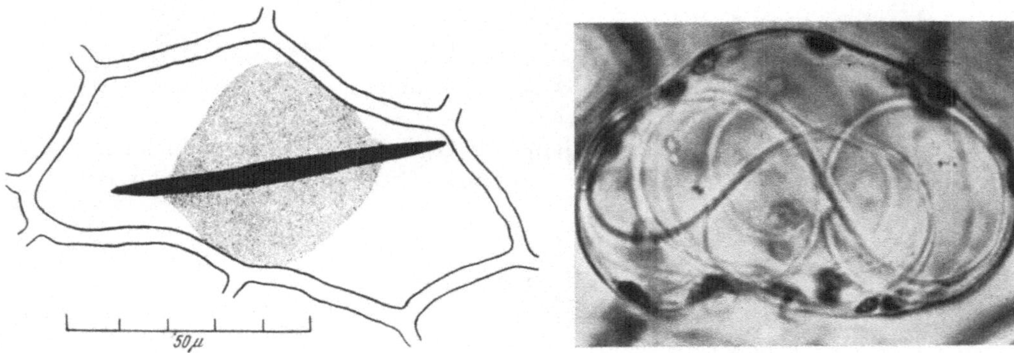

Abb. 19. *Rhipsalis.* Zelle mit Eiweißspindel, plasmolysiert (Weber und Kenda 1952 b).
Abb. 20. *Nicotiana.* Schleifen im Keimblattmesophyll. Vergr. 1050 × (Wehrmeyer 1960 a).

Glasnadel angestochen wird, wandelt sich in eine Blase um; die Nadeln des Kartoffel-X-Virus verhalten sich ähnlich (vgl. Köhler 1942).

In absterbenden Zellen nehmen die Spindeln häufig Kugelform an, gehen also leicht in den flüssigen Aggregatzustand über. Bei Plasmolyse geben sie dem Druck des Protoplasten nicht nach, sondern ragen aus ihm heraus (Abb. 19).

Nicht minder groß ist die Verschiedenheit der fibrillären Formen der Einschlußkörper, die durch das TMV in den Zellen von *Nicotiana* hervorgerufen werden. Fadenbündel, Raphiden, Spindeln, Nadeln, Spieße, gewundene Fibrillen, Schleifen, Ringe und Reifen (Klebahn 1928, Smith 1930, Kassanis und Sheffield 1941, Wehrmeyer 1960 a) wurden beschrieben. Eingehender untersuchte Wehrmeyer (1960 a) „Schleifen“, die er mit den übrigen fibrillären Einschlußkörpern (Klebahn 1928) verglich (Abb. 20, 21). Durch den Gelbstamm G 2 wurden in *Nicotiana* (Samsun- und White Burley-Tabak) die Schleifen hervorgerufen. Sie entstanden in allen Organen: selbst in den Schließzellen wurden sie — wenn auch selten — gefunden. Hervorzuheben ist, daß sie sogar im Epiblem und im Rindenparenchym der Wurzel auftreten, wo ihr Entstehen nicht vom Licht abhängig ist. Die Schleifen sind äußerst labil und sind nicht bei allen infizierten Pflanzen zu finden. Sie sind optisch homogen, durchschnittlich 1 μ dick und ihre Länge beträgt

200—250 μ. In langgestreckten Zellen breiten sich die Schleifen der Länge nach aus und verschmelzen oft zu „Bändern"; auch Ringe und Reifen sind keine Seltenheit. Ihr Durchmesser ist kleiner als der der Zelle; sie haben sich

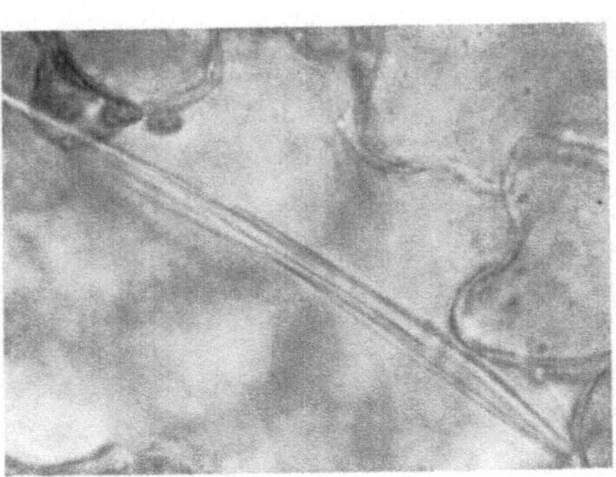

Abb. 21.

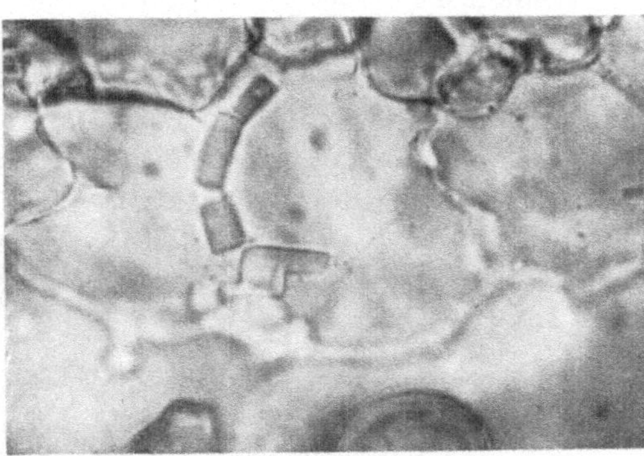

Abb. 22.

Abb. 21. *Nicotiana.* Fadenbündel in der Folgeblattepidermis. Vergr. 625 × (WEHRMEYER 1960a).
Abb. 22. *Nicotiana.* Schleife fast vollständig in Prismen umgewandelt. Vergr. 800 × (WEHRMEYER 1960 a).

auch hier wie bei manchen Kakteen (vgl. S. 16) nicht aus Raumnot gebogen! In der Aufsicht sind beide kreisrund, „im Querschnitt zeigen die Ringe Schleifenprofile, die Reifen zwei parallele Strecken, wie sie beim achsen-

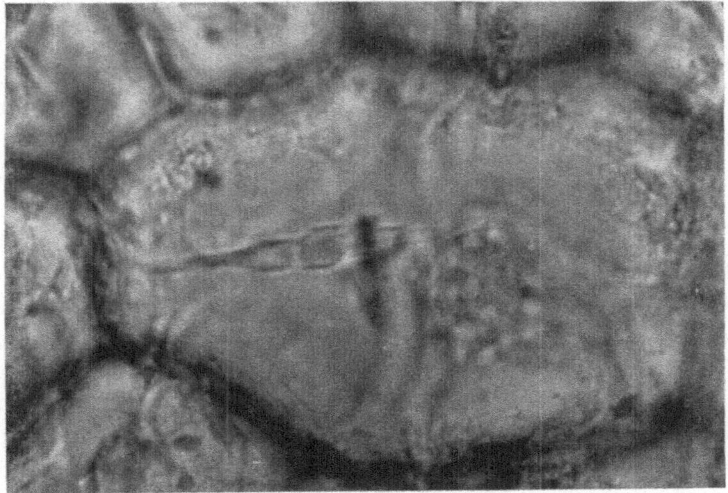

Abb. 23. *Phajus grandifolius.* Epidermis der Laubblattunterseite. Prismenartige Eiweißkristalle, die durch Eiweißfibrillen verbunden sind (THALER 1961a).

parallelen Schnitt eines Zylindermantels entstehen" (WEHRMEYER 1960 a, S. 173). Die Schleifen können sich in prismatische Körper umwandeln. Zuerst werden stark lichtbrechende Stäbchen sichtbar, die quer zur Länge der Spindeln liegen. Die Stäbchen sind 0,3 bis 0,6 μ dick und ihre Länge ist zunächst gleich der Schleifenbreite. Sie wachsen noch etwas über diese hinaus und werden schwach lichtbrechend. Sind diese prismatischen Körper einmal ausgebildet, so können sie sich nicht mehr in Schleifen rückbilden (Abb. 22).

Ein ähnliches Bild einer in Prismen umgewandelten Schleife gibt THALER (1961 a) in den Epidermiszellen von *Phajus grandifolius* an (Abb. 23).

Eine Umlagerung der Schleifen zu prismatischen Aggregaten konnte WEHRMEYER (1960 a) experimentell mit Alkalien (0,5 mol KOH sowie $Ca[OH]_2$) und auch bei Plasmolyse mit 1 mol KSCN erzielen.

In virusinfizierten Geweben wurden öfters auffallend geschichtete Einschlußkörper beobachtet. ESAU (1960 a, b) beschrieb diese Einschlüsse in der mit „Beet-Yellows Virus" infizierten Zuckerrübe (Abb. 24). WEHRMEYER (1960 a) faßt diese Körper, die auch im viruskranken Tabak auftreten, als

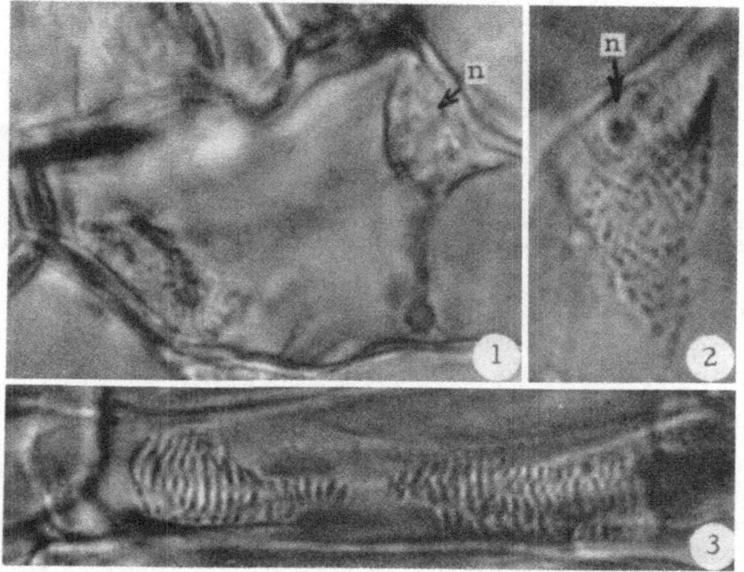

Abb. 24. 1—3. Zuckerrübe „Banded types of inclusions". 1, 2. Mesophyllzellen des Blattes. 3. Phloemparenchymzellen der fleischigen Wurzel (ESAU 1960).

Umwandlungsstadien der Fadenbündel auf. Er beobachtete das Umlagern der Fadenbündel in kristalline Schichtkörper in lebenden Zellen. Die positiv doppelbrechenden Fadenbündel verschmelzen zu homogenen Gebilden. Dabei wird die Anisotropie schwächer, verstärkt sich also wieder, sobald die Schichtstruktur quer zur Länge der Fadenbündel sichtbar wird. WEHRMEYER (1960 a, S. 182) nimmt an, daß die Schichten „aus längsseitig parallelgeordneten Viruspartikeln im gebildeten Schichtkörper" bestehen. Die Fadenbündel in viruskranker *Nicotiana* unterscheiden sich von den Schleifen in einigen wesentlichen Punkten (WEHRMEYER 1960 a).

1. Die Fadenbündel ändern bei Plasmolyse nicht ihre Form, sondern ragen starr aus dem Protoplasten, während die Schleifen bei schwacher Plasmolyse elastisch sind.

2. Die Fadenbündel sind, bezogen auf ihre Längsachse, positiv doppelbrechend (SHEFFIELD und KASSANIS 1941), die Schleifen sind mit Ausnahme einzelner negativ doppelbrechender Abschnitte isotrop.

3. Das Virusmaterial der Fadenbündel kann sich zu kristallinen Schichtkörpern umwandeln, während die Schleifen in Prismen übergehen können. Die Schichtkörper sind den quergestreiften Spindeln der Kakteen ähnlich.

Diese entwickeln sich zu homogenen Spindeln weiter, während jene ein Endstadium darstellen.

Abb. 25. a, b, c) *Nicotiana*. Schleifen im Längsschnitt, Aufbau aus TMV-Fibrillen (pr. 15 000 ×). Vergr. 30 000 × (WEHRMEYER 1960 a).

WEHRMEYER (1960 a) untersuchte die Schleifen auch elektronenmikroskopisch. Es zeigte sich, daß sie von einem Cytoplasmabelag umschlossen sind und nur aus schraubig gewundenen Virusfibrillen bestehen (Abb. 25 *a*, *b*, *c*). Außerdem sah WEHRMEYER (1960 a) noch sublichtmikroskopische Schleifen von 200 bis 400 mμ Dicke.

4. Fibrilläre Einschlußkörper anderer Pflanzen

Eiweißspindeln kommen nicht nur bei Cactaceen, sondern auch in Pflanzen anderer Familien vor. Sie gleichen in ihrem Aussehen, im optischen und, soweit bekannt, auch im chemischen Verhalten ganz denen der Cactaceen, sind aber weniger eingehend untersucht.

Weber (1954 c) wirft die Frage auf, ob alle Pflanzen mit Cytoplasmaspindeln Virusträger sind. Diese Frage kann heute eindeutig mit nein beantwortet werden. Es gibt nämlich Pflanzen, die in ihrem normalen Stoffwechsel Eiweißspindeln ausbilden und solche, bei denen nur bei Virusbefall Spindeln entstehen. Welcher Kategorie eine spindelhaltige Pflanze angehört, kann erst nach eingehender Untersuchung mit Sicherheit gesagt werden. Zu diesem Zwecke muß festgestellt werden,

1. ob Pflanzen von verschiedenen Fundorten regelmäßig Eiweißspindeln enthalten,
2. ob x-Körper — ein sicheres Zeichen einer Virose — ausgebildet werden,
3. ob das spindelbildende Agens auch auf spindelfreie Pflanzen übertragbar ist.

Außerdem wäre der endgültige Beweis durch eine elektronenmikroskopische Untersuchung und chemische Analyse gegeben. Bildet eine Pflanze sowohl Einschlußkörper als auch x-Körper, allerdings nicht regelmäßig und an allen Fundorten aus und ist das spindelbildende Agens übertragbar, so kann die Pflanze als viruskrank angesehen werden. Weisen aber die Pflanzen verschiedener Fundorte Spindeln auf, ohne daß x-Körper ausgebildet werden und ist auch das spindelbildende Agens nicht übertragbar, so sind die Spindeln Produkte des normalen Stoffwechsels.

Leider sind diese Untersuchungen bei einem Großteil eiweißkristallführender Pflanzen noch nicht durchgeführt und es ist heute nur bei verhältnismäßig wenigen Pflanzen mit Sicherheit zu sagen, ob ihre Einschlußkörper durch eine Virusinfektion entstanden sind oder ob sie Gebilde des normalen Stoffwechsels darstellen.

So sind in den Epidermiszellen der Kapseln, Blätter und Sprosse einiger *Impatiens*-Arten schon seit den Untersuchungen von Amadei (1898) Eiweißspindeln bekannt. Küster (1948) hat die Proteinfaserspindeln von *Impatiens Balsamina* mit denen der Cactaceen verglichen und zwischen ihnen eine große Ähnlichkeit festgestellt. Es fehlt jedoch eine Angabe, ob diese Gebilde in allen untersuchten Pflanzen regelmäßig vorkommen. In der Wand sowohl junger als auch reifer Früchte ist das der Fall (Weber 1954 c). Weber nimmt daher an, daß bei dieser Art die Spindeln als ein „konstantes Speziesmerkmal" aufzufassen seien und nicht durch ein Virus hervorgerufen werden. Goldin und Fedotina (1956 a) haben die Eiweißspindeln von *Impatiens* elektronenmikroskopisch untersucht. Die Spindeln bestehen aus stabförmigen Teilchen, die denen des Tabakmosaikvirus oder des x-Virus der Kartoffel ähneln. Die chemische Zusammensetzung dieser Spindeln und ihre Übertragbarkeit ist meines Wissens noch nicht bekannt (vgl. hiezu Miličić 1960).

In *Impatiens Holstii* kommen Eiweißspindeln nur selten vor. Eine stark verzweigte Pflanze, deren Blätter klein und stark blasig waren, zeigte in der Epidermis und auffallenderweise auch in den Schließzellen zahlreiche Spindeln (Thaler 1956 c). Der Beweis, daß es sich um eine viruskranke Pflanze handelt, wurde dadurch erbracht, daß 18 Tage nach der Pfropfung eines spindelhaltigen Sprosses auf eine spindellose Unterlage in der Unterlage x-Körper und auch Spindeln nachgewiesen werden konnten. Außerdem wurden in den Epidermiszellen an verschiedenen Stellen Zellwandleisten und auch cystolithenähnliche Wandauswüchse beschrieben, wie sie auch bei viruskranken Cactaceen beobachtet wurden. Das häufige Auftreten dieser Zellwandleisten läßt auf Verwundungen in der Epidermis, die durch die Infektion entstehen, schließen. Miličić und Komlinovič (1958) verletzten die Epidermis von *Impatiens Holstii* mit Karborundpuder. Dadurch sterben einige Epidermiszellen ab, wobei die Zellwände unversehrt bleiben. Nach einigen Tagen wachsen lebende Epidermis- und auch Palisadenzellen in die toten Zellen hinein. Nach dem Vernarben findet man oft Zellwandleisten, die von den beiden Autoren als Reste der ursprünglichen Zellwände aufgefaßt werden.

In *Impatiens Roylei* wurde von Amadei (1898) im Schwellgewebe ein massenhaftes Vorkommen von Eiweißspindeln beschrieben. Weber (1954 c) konnte in dieser Art weder im Schwellgewebe noch in anderen Geweben Eiweißspindeln feststellen. Vermutlich war die Pflanze Amadeis viruskrank.

Es scheint, daß es in der Gattung *Impatiens* Arten gibt, in denen niemals Eiweißspindeln beobachtet wurden, solche, in denen sie regelmäßig im Fruchtknoten vorkommen und als artcharakteristisch gelten könnten, und schließlich Arten, wie *Impatiens Holstii*, die die Einschlußkörper nur infolge einer Virusinfektion ausbilden. Mosaikkranke Pflanzen von *Alliaria officinalis* bilden intrazelluläre Einschlüsse in Form von amorphen x-Körpern und parallel orientierten Nadeln. Eiweißspindeln, stab- und fadenförmige Einschlüsse, wurden seltener beobachtet (Miličić 1956 c, Miličić et al. 1958). Das *Alliaria*-Virus ist auf verschiedene Cruciferen und auch auf *Nicotiana* übertragbar.

In der Familie der Orchideen sind Eiweißkristalle keine Seltenheit. Sie können in allen Zellorganen auftreten. Zimmermann (1893) beschrieb Spindeln im Cytoplasma von *Acropera Loddigesii, Listera ovata, Paphiopedilum barbatum, P. insigne, P. venustum, Trichopilia tortilis, Vanda furva,* Mikosch (1890) in *Oncidium microchilum.* Diese Gebilde wurden damals als Reservestoffe oder als Exkrete aufgefaßt. *Listera cordata* mit marmorierten Blättern enthält in der Epidermis Spindeln, Plättchen und Nadeln. Von Weber und Weber (1959) wurde vermutet, daß es sich hier um Viruskristalle handelt. Die mannigfaltigen Einschlußkörper, die im Cytoplasma von *Phajus grandifolius* vorkommen, sehen denen viruskranker Solanaceen sehr ähnlich (Thaler 1961 a). *Cattleya labiata,* die nicht näher untersucht wurde, zeigt ebenfalls Spindeln.

Bei folgenden Liliaceen wurden neben den Spindeln auch x-Körper beobachtet, die als cytologische Symptome einer Viruskrankheit gedeutet wurden: *Chlorophytum comosum, C. elatum, Fritillaria meleagris, Lilium Henryi* und *L. tigrinum* (Kenda 1961, Thaler 1961 b, Weber 1954 d, Thaler

1956 b). In der Epidermis von *Chlorophytum* kommen Cytoplasmaballen vor, die KENDA (1961) den x-Körpern gleichsetzt; außerdem findet man fibrilläre Eiweißspindeln, die gemeinsam mit Kristalldrusen unbekannter chemischer Natur vorkommen (Abb. 26). Das kristallbildende Agens ist auf kristallfreie *Chlorophytum*-Pflanzen übertragbar.

Ältere Angaben über spindelförmige, nadelige und anders geformte Einschlüsse, die ebenfalls überprüft werden sollten, wurden von MOLISCH (1913) zusammengefaßt.

Es sei nochmals auf die Ringe und Spindeln in der Epidermis und im hypodermalen Parenchym der Knollen von *Tecophilaea cyanocrocus* (*Amaryllidaceae*) hingewiesen (WAKKER 1892). Der Schleimsaft von *Nerine flexuosa* und *N. undulata* enthält Spindeln, Nadeln und peitschenartige Gebilde (MOLISCH 1901).

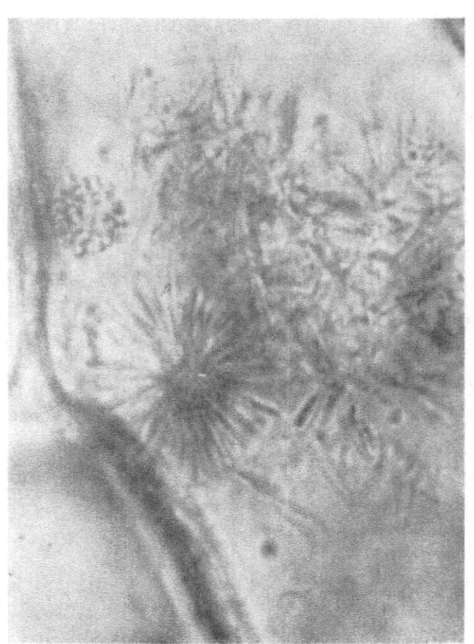

Abb. 26. *Chlorophytum comosum*. Blattepidermiszelle mit x-Körper, einer Kristalldruse und ungerichteten Nadeln (KENDA 1961).

Spindeln neben anders geformten Kristallen kommen außerdem vor: In den Schleimgefäßen von *Dichorisandra ovata* (*Commelinaceae*) in *Sisyrinchium Bermudianum* (*Iridaceae*), in den Blütenteilen von sieben Gattungen und den Siebröhren aller daraufhin untersuchten Papilionaceen, in den Milchröhren von *Musa*, in den Schlauchzellen von *Mimosa Spegazzini* und in *Nepenthes melamphora*, wo sie sogar im Rhizom ausgebildet werden (MOLISCH 1901, DUFOUR 1886, STOCK 1892, BACCARINI 1895, MRAZEK 1910, HEINRICHER 1906).

In den nun folgenden Arten, die niemals x-Körper ausbilden und deren Einschlußkörper in Pflanzen verschiedener Fundorte anzutreffen sind, können die Eiweißgebilde wohl als Art bzw. als Gattungsmerkmal gelten *Drosera anglica, D. capensis, D. dichotoma, D. intermedia, D. rotundifolia, D. spathulata* besitzen in den Epidermiszellen der Kelchblätter stabförmige Gebilde, „Rhabdoide" (GARDINER 1883, GARJEANNE 1918, BRAT, KENDA und WEBER 1951). In den Blattepidermen besonders der Hochblätter von *Scutellaria altissima, S. Columnae, S. rubicunda* sind leicht knickbare Eiweißstäbe, daneben Spindeln, Würfel und rhombische Kristalle zu finden. In den übrigen *Scutellaria*-Arten fehlen die Einschlußkörper (WEBER 1956 b, THALER 1955 a), *Vallerianella coronata, V. dentata, V. eriocarpa, V. Locusta* var. *olitoria, V. membranacea* führen Spindeln in den Epidermen der Keim-, Laub- und Hochblätter (WEBER 1940, THALER 1954).

5. Hexagonale und anders geformte Eiweißkristalle

Hexagonale Kristalle sind in viruskranken Pflanzen wohl am weitesten verbreitet. IWANOWSKI (1903) beobachtete sie als erster in tabakmosaikkranken Pflanzen und stellte ihre Übertragbarkeit fest. GOLDSTEIN (1924, 1926) und SHEFFIELD (1931, 1934) studierten ihre Morphologie, ihr Vorkommen und die Bedingungen, unter denen sie entstehen. Zusammenfassende Angaben findet man bei BAWDEN (1950) und bei KÖHLER und KLINKOWSKI (1954).

Die Kristalle sind in der Aufsicht sechseckig und zeigen im Profil eine rechteckige Form. Das polarisationsoptische Verhalten wurde eingehend von WILKINS et al. (1950) studiert. Die Kristalle sind positiv doppelbrechend, optisch einachsig oder zweiachsig, der Winkel zwischen den

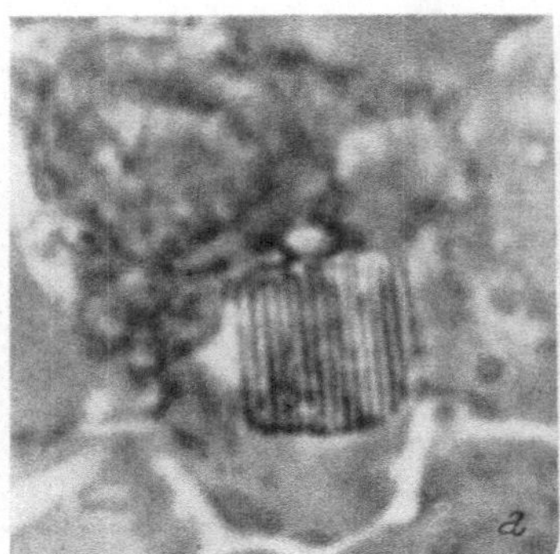

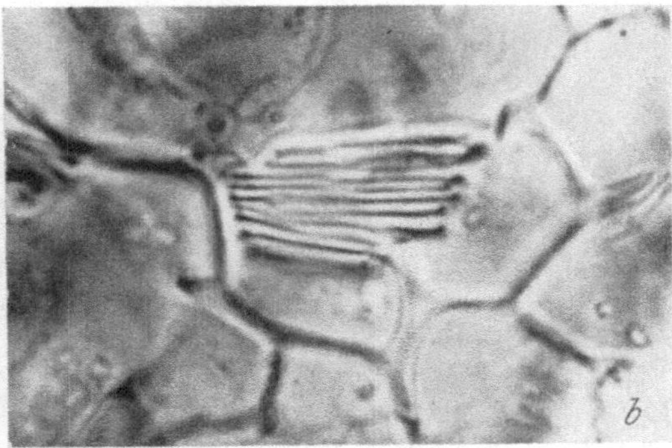

Abb. 27 a, b. *Nicotiana*. Hexagonale Prismen in Profilansicht mit Schichtstruktur. Vergr. a) 2080 ×, b) 1750 × (WEHRMEYER 1960 a).

optischen Achsen beträgt weniger als 20°. Die Autoren fanden, daß bei gekreuzten Nikols 3000 bis 6000 Å dicke, parallel zu den Basisflächen liegende, Schichten auftreten. Deutlicher treten die Lamellen bei schiefer Beleuchtung hervor. Der höchste Bildkontrast wird bei Lichteinfall unter den BRAGG-winkeln erreicht. Beim Drehen des Kristalls erscheinen abwechselnd bald helle, bald dunkle Bänder. In frühen Stadien der Infektion sind die Kristalle dünne hexagonale Platten, die nur aus einer einzigen Schichte oder wenigen Schichten bestehen. Die Kristalle zeigen oft eine auffallende basale Spaltung und die einzelnen Schichten können aus dem sich auflösenden Kristall seitlich herausragen. Die Schichten sind aber nicht nur im Polarisationsmikroskop, sondern auch im Lichtmikroskop zu erkennen. So beschreibt GOLDSTEIN (1926) „striated bodies" in fixierten und auch in lebenden Zellen.

Mit der Struktur der Kristalle im viruskranken Tabak befaßten sich in letzter Zeit besonders STEERE (1957) und WEHRMEYER (1960 a). Dieser beobachtet besonders im Blütenbereich ein Auseinandergleiten und Verschieben der Schichten, die senkrecht zur hexagonalen Achse liegen. „Es entstehen unregelmäßige Profilbilder, die die Eigenständigkeit der Einzelschichten verdeutlichen" (WEHRMEYER 1960 a, S. 190), vgl. Abb. 27 *a*, *b*. Die Dicke der Einzelschicht beträgt in Übereinstimmung mit den Untersuchungen von

WILKINS et al. (1950) ungefähr 0,3 μ und stimmt mit der Länge der Partikeln des TMV überein. Sehr häufig wurden Doppelschichten beobachtet.

Elektronenmikroskopisch wurden die hexagonalen Einschlüsse des Tabaks schon oft untersucht (SHEFFIELD 1946, STEERE und WILLIAMS 1953 und RUBIO HUERTOS 1954). BRANDES (1956) stellte an Hand von Ultradünnschnitten fest, daß x-Körper und Kristalle aus Zellen kranker Tabakpflanzen hauptsächlich aus fibrillärem TMV-Material bestehen. Die Viren kommen auch diffus in der Zelle vor. Nach WEHRMEYER (1960 a) bestehen die Schichten aus 300 mμ

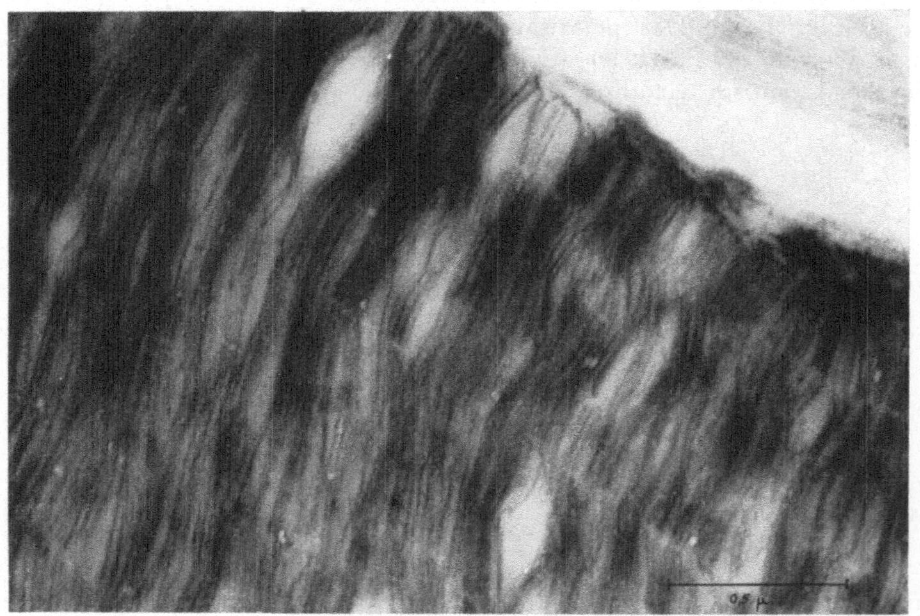

Abb. 28. *Nicotiana*. Profilansicht eines hexagonalen Prismas mit ausgebildeter Schichtstruktur. Einzelschicht bestehend aus längsseitig parallelgeordneten TMV-Partikeln von 300 mμ Länge. Der Abstand der gefärbten „Fäden" an geordneten Stellen 15—20 mmμ (p. 21 500 ×) 48 000 × (WEHRMEYER 1960).

langen und 15 mμ dicken. parallelgeordneten Viruspartikelchen (Abb. 28). STEERE (1957) beobachtete in den meisten Fällen eine geringe Schräglage der Viruspartikeln von Schichte zu Schichte. Es ist wahrscheinlich, daß diese Schräglage die Ursache der von WILKINS et al. (1950) beobachteten Zweiachsigkeit der hexagonalen Kristalle ist (anomale Zweiachsigkeit). Eine eigentliche Membran um die Kristalle besteht nicht, das Cytoplasma jedoch umhüllt sie verschieden dick, so daß eine Haut vorgetäuscht werden kann (vgl. Abb. 29).

Eine sehr große Ähnlichkeit mit den Einschlußkörpern verschiedener viruskranker Tabakpflanzen haben die von *Dianthus caryophyllus*. Die äußerlichen Symptome der Virose sind meist geringfügig: Pflanzen mit dem Carnation Latent Virus bleiben überhaupt symptomlos (vgl. KÖHLER und KLINKOWSKI 1954, SMITH 1957). REITER (1961) fand in allen Organen von *Dianthus caryophyllus*, mit Ausnahme der Wurzel, mannigfaltige kristallartige Formen. In einigen Exemplaren treten hexagonale Kristalle und daneben oft auch die „striated bodies" auf, in anderen findet man neben den x-Körpern tetraederähnliche Kristalle. Ob die verschiedenen Einschlüsse von zwei Virusstämmen hervorgerufen werden, ist nicht bekannt. Nelken weisen sehr oft Mischinfektionen auf.

X-Körper und hexagonale Kristalle liegen nie zusammen in einer Zelle. In der Blüte sind die x-Körper auf die Epidermis des Nagels beschränkt, während die äußerst labilen Kristalle in der Kronblattepidermis inselartig verbreitet sind. Die Entstehung der „striated bodies" aus den x-Körpern konnte beobachtet werden (Abb. 30). Reiter (1961) findet sie immer in

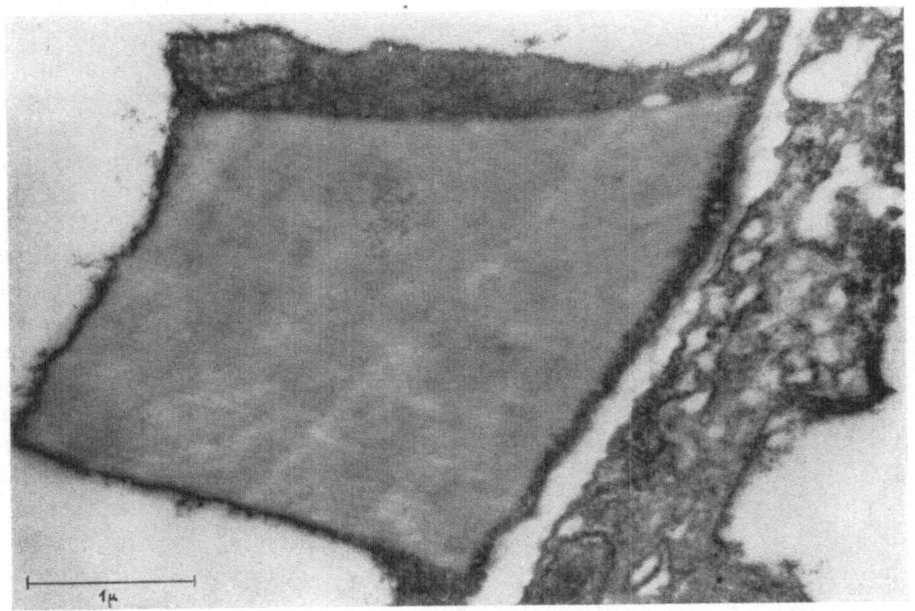

Abb. 29. *Nicotiana.* Profilansicht eines Prismas mit geschlossener Cytoplasmaumhüllung (pr. 15 000 ×) 22 500 × (Wehrmeyer 1960).

lebenden Zellen und sie können daher wohl nicht, wie Wehrmeyer (1960 a) annimmt, als Fixierungsartefakte aufgefaßt werden.

Die tetraedrischen Kristalle, die ebenfalls aus den x-Körpern entstehen, erinnern an die Kernkristalle, die durch das mild etch Virus (Bawden und Kassanis 1941) hervorgerufen werden. Sie liegen meist zu mehreren in der Zelle (Abb. 31). Alle Einschlüsse der Nelken waren übertragbar.

Hexagonale Prismen wurden in der Epidermis, Scheidewand und in den Mesophyllzellen einer trockenen Frucht von *Capsicum annuum* gefunden (Nestler 1906). Unter vierzehn Früchten konnte er nur bei einer diese Inhaltskörper beobachten.

Miličić und Udjbinac (1960) untersuchten lebende Früchte, ohne jedoch derartige Inhaltskörper zu finden. Erst nach Infektion mit Stolbur-Virus und TMV (Pfropfung auf krankes *Solanum lycopersicum*) traten hexagonale Prismen in den Früchten auf (Abb. 32). Das kristallbildende Agens ist auf nicht kristallführende *Capsicum annuum*-Pflanzen übertragbar. Es wird von den beiden Autoren angenommen, daß die hexagonalen Kristalle vom TMV stammen, da das Stolbur-Virus bekanntlich keine Einschlüsse bildet und nicht mechanisch übertragbar ist (Bawden 1950). Es kann daher wohl angenommen werden, daß die von Nestler (1906) angegebenen Kristalle von *Capsicum annuum* Tabakmosaikvirus-Kristalle waren.

Kristalle mannigfaltiger Gestalt, die aus unregelmäßig geformten oder retikulären x-Körpern entstehen, kommen in virusinfizierten *Althaea rosea*-Pflanzen vor (Wałek-Czernecka und Kwiatkowska 1960).

Cactaceen enthalten neben den fibrillären Einschlüssen auch hexagonale, rhombische Kristalle, Stachelkugeln und Drusen. Sie liegen nicht immer im Cytoplasma, sondern sind sehr häufig im Zellsaft zu finden, so z. B. die Stachelkugeln von *Opuntia monacantha*, deren Entstehung von Amelunxen (1956 a) studiert wurde. Ob sie mit dem spindelbildenden Virus im Zusammenhang stehen, ist unbekannt. Die Vakuolen der Epidermiszellen von *Epiphyllum truncatum*, *Opuntia brasiliensis* und *Rhipsalis cereuscula* enthalten Eiweißkristalldrusen. Sie sind mit dem Gewebesaft übertragbar und werden daher als virusbedingte Einschlüsse aufgefaßt (Weber, Kenda und Thaler 1952 b, Miličić und Plavsić 1956). Auch die rhombenförmigen Einschlüsse von *Opuntia inermis*, die Miličić (1960) für normale Zellbestandteile hält, kommen regelmäßig in der Vakuole vor. Er vermutete, daß sie normale Zellbestandteile darstellen. Schließlich sind noch hexagonale Kristalle in *Opuntia tomentosa von* Miličić (1960) beschrieben worden. Diese können sowohl im Cytoplasma als auch im Zellkern und im Zellsaft vorkommen und dürften ebenfalls mit dem spindelbildenden Virus zusammenhängen. Eiweißpolyeder fand Weber (1953 a) in den Vakuolen von *Pereskiopsis pititache.*

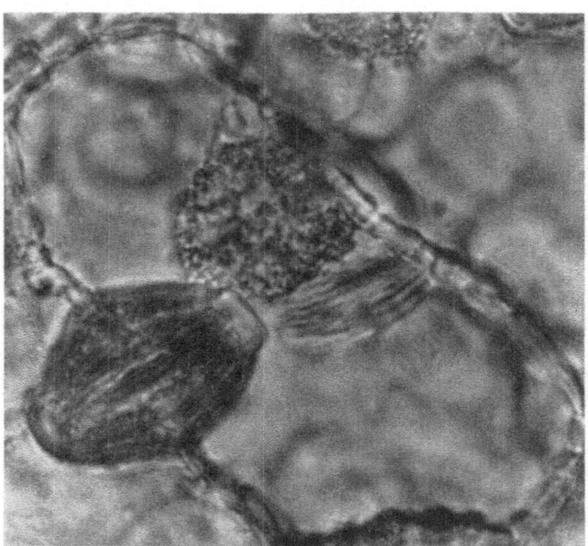

Abb. 30. *Dianthus caryophyllus*. Blattepidermiszelle. Neben dem x-Körper liegt ein gestreifter Körper (Reiter 1961).

In diesem Zusammenhang seien die viel untersuchten würfel- oder quaderförmigen Proteinkristalle von *Solanum tuberosum* erwähnt (Abb. 33). Cohn (1859) hat sie schon als solche erkannt. Es war naheliegend, auch hier an Viruseinschlußkörper zu denken (Janisch 1942). Eicke und Köhler (1944) und Fedotina (1957) überprüften diese Frage experimentell und kamen zu einem negativen Ergebnis. Heute weiß man, daß dieses kristallisierte Eiweiß ein Reserveeiweiß darstellt (Hölzl und Bancher 1958). Über die chemische Zusammensetzung ist allerdings noch recht wenig bekannt. Es handelt „sich um Eiweißkörper mit reichlichem, oftmals rhythmisch wechselndem Quellungswasser" (Hölzl und Bancher 1958, S. 387). Es könnte ein hochmolekulares Globulin (kristallisiertes „Tuberin") sein, das schon Zöllner (1880) in der Kartoffel nachgewiesen hat. Die Verbreitung der würfelförmigen Einschlüsse in der Kartoffel wurde eingehend von Hölzl und Bancher (1958)

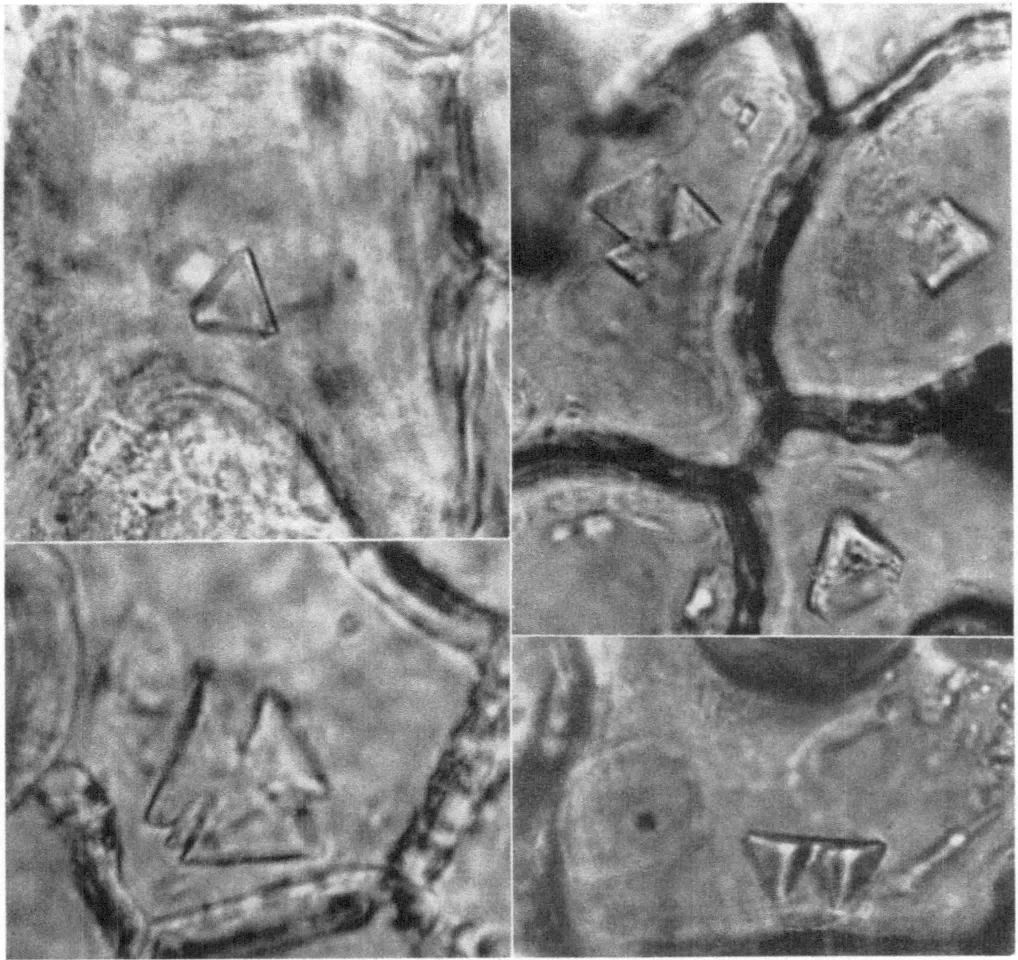

Abb. 31. *Dianthus caryophyllus*. Tetraedrische Kristalle in Ein- oder Mehrzahl in Blattepidermiszellen (Reiter 1961).

untersucht. Sie kamen zu dem Ergebnis, daß die Kristalle normal nur in „stärkearmen Geweben grundmeristematischen Ursprungs" vorkommen. In reifen Kartoffeln werden die Kristalle zuerst im Mark, beim Keimen in den peripheren Schichten aufgelöst. Kartoffeln, die an Wurzelfäule erkrankt waren, bildeten die Kristalle im Parenchym und Siebteil des oberirdischen Sprosses aus (Heinricher 1891). Elektronenmikroskopisch untersuchte die Eiweißkristalle von *Solanum tuberosum* Marinos (1964). Der Zwischenraum des Gitterwerkes und die Anordnung der Kristallschichten sind wie bei den Kristallen von *Avena*. Die die Kristalle umgebende Membran hat eine gewisse Ähnlichkeit mit den Profilen des endoplasmatischen Retikulums;

daraus schließt MARINOS (1964), daß die Kristalle in den Vesikeln des ER gebildet werden und nicht etwa plastidenähnliche Körper darstellen. REITER (1956 c) beschrieb Eiweißwürfel in *Solanum demissum*, das aus Samen gezogen wurde.

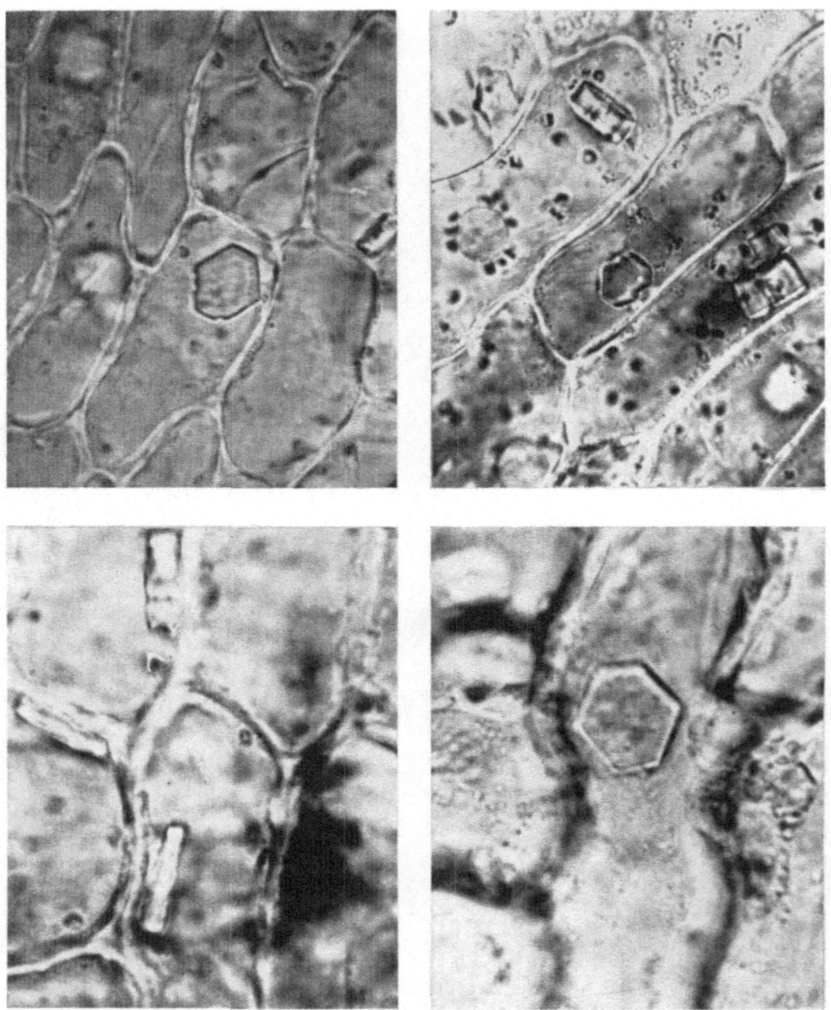

Abb. 32. *Capsicum annuum*. TMV-Kristalle in der Fruchtinnenepidermis (MILIČIĆ und UDJBINAC 1960).

Im Cytoplasma von *Datura stramonium* beobachtete HOHL (1960) Bläschen von 0,5 bis 1,5 μ Durchmesser, in denen Kristalle in der Größe von 0,3 bis 0,8 μ liegen. Die Membran der Bläschen ist etwa 70 Å dick. Der Raum zwischen Kristall und Membran ist entweder leer oder von einer körnigen Masse erfüllt. „Die gefundenen Kristalle scheinen durch Kristallisation stark eiweißhaltiger — morphologisch mit den Sphärosomen vergleichbarer — Körperchen entstanden zu sein“ (HOHL 1960, 412). Er vergleicht diesen Vorgang mit der Entstehung der Aleuronkörner. Die Kristalle hält er wohl für Eiweiß-, nicht aber für Viruskristalle, da der Gitterabstand nur 80° beträgt und der der Viruskristalle meist bedeutend größer ist. Ähnliche, ebenfalls von einer Membran umgebene Körper beschreiben THORNTON und THIMANN (1964) in der Subepidermis der Spitzenregion der *Avena*-Koleoptile (vgl. Abb. 34). Im Cytoplasma einer Zelle kommen 20 bis 200 Kristallkörper vor. Manchesmal liegen sie den Proplastiden eng an. Sie sind kleiner als 1 μ und ihre Form ist gewöhnlich rechteckig oder hexagonal, manchmal unregelmäßig vieleckig. Der Gitterabstand der Kristalle ist zwischen 125 Å und 160 Å. Es wird angenommen, daß die Kristallkörper mit der phototropischen Sensibilität zusammenhängen. In *Hordeum* und *Zea*

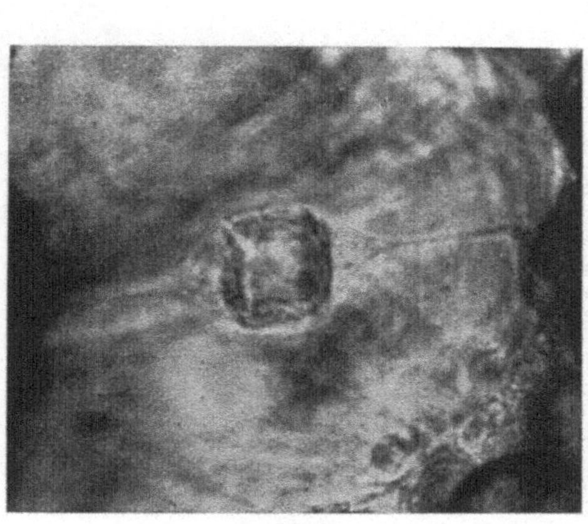

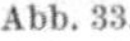

Abb. 33.

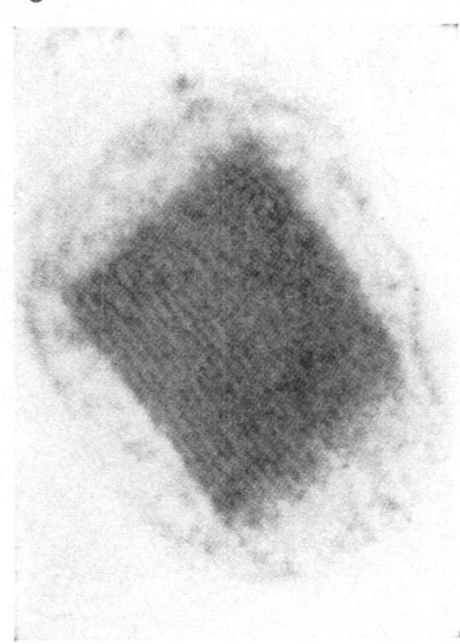

Abb. 34.

Abb. 33. *Solanum tuberosum*. Eiweißkristall mit Auflösungserscheinung in protoplasmatischer Hülle (HÖLZL und BANCHER 1959).

Abb. 34. *Avena*. Kristallenthaltender Körper. Der Zwischenraum beträgt 160 Å (THORNTON and THIMANN 1964).

Mays wurden diese Kristallkörper allerdings nicht gefunden. Für besondere Organellen wurden von GEROLA und BASSI 1964 die kristallenthaltenden Körper in den Parenchymzellen ergrünender Knollen von *Helianthus tuberosus* und in den chlorophyllführenden Zellen der Blätter von *Petunia hybrida* gehalten. Sie werden Proteosomen genannt, sind von einer doppelten Membran umgeben und ähneln sehr den kristallenthaltenden Körpern in der *Avena*-Koleoptile. Sie sind kleiner als die Proplastiden und können sich im Unterschied zu diesen nicht weiterentwickeln. Die Proteosomen kommen sowohl in virusinfizierten als auch in virusfreien Petunien vor.

In den Zellen des Wurzelmeristems von *Pisum sativum* kommen quaderförmige Eiweißkristalle vor, die keine Membran erkennen lassen und extracisternalen Ursprungs sind (SITTE 1958).

Am eingehendsten ist bisher die Feinstruktur der Eiweißkristalle von *Lathraea clandestina* untersucht (SCHNEPF 1964). Diese Pflanze gehört zu den wenigen, die sowohl Kernkristalle (vgl. S. 44) als auch „freie" Eiweißkristalle besitzt. Die quadratischen oder rhombischen Plättchen liegen nicht, wie HEINRICHER (1900) angibt, im Cytoplasma, sondern in speziellen Eiweißvakuolen, die von einer Membran umgeben sind; sie bestehen aus 10,5 mμ

dicken Röhrchen, die kubisch gepackt und 7 mμ voneinander entfernt sind (vgl. Abb. 35). Die Kernkristalle derselben Pflanze sind dagegen aus

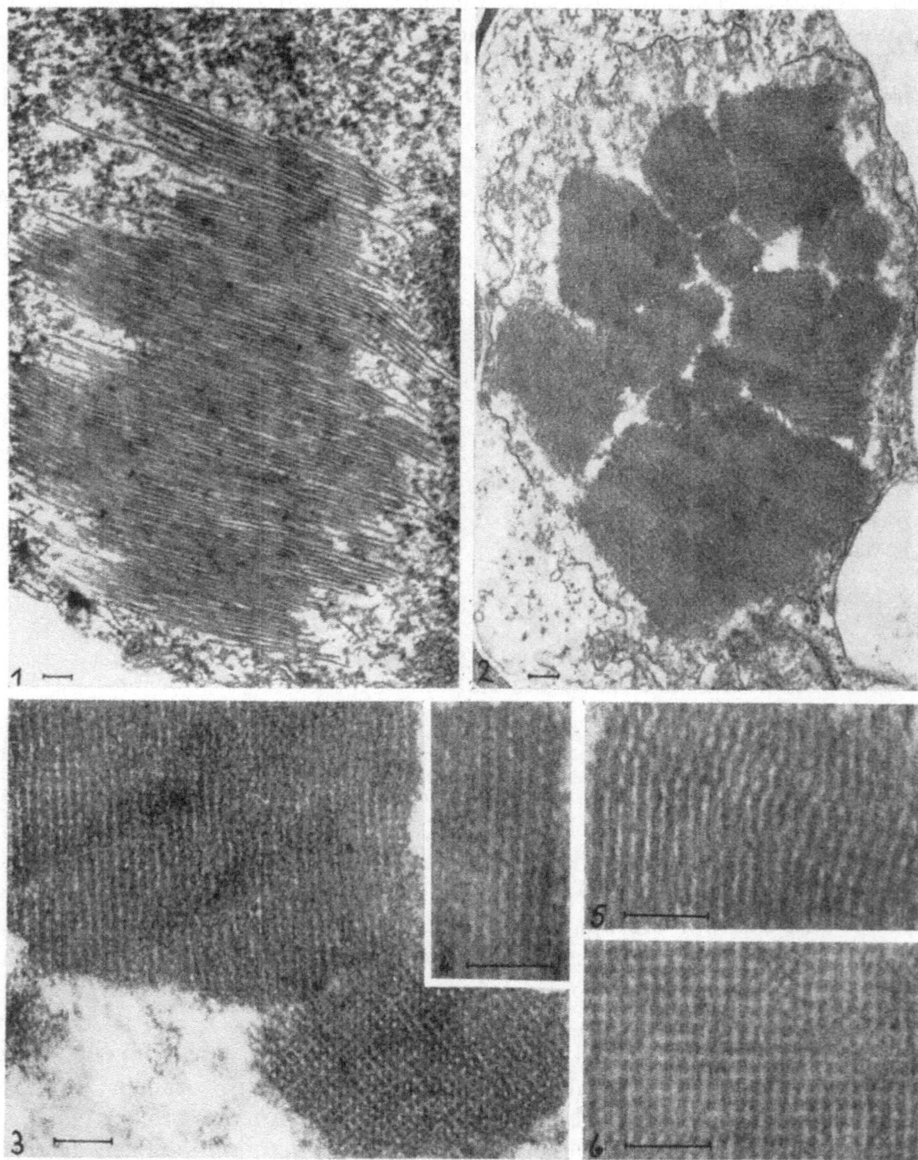

Abb. 35. *Lathraea clandestina.* 1. Eiweißkristall aus einem Zellkern der Fruchtknotenwand. Lamellen im Querschnitt. 2. Zahlreiche in verschiedenen Richtungen geschnittene Kristalle in einer Eiweißvakuole; rechts Zentralvakuole. 3, Zwei freie Eiweißkristalle; oben: Röhrchen in etwas schrägem Längsschnitt; unten: Röhrchen in etwas schrägem Querschnitt. 4. Röhrchen eines „freien" Kristalls im Längsschnitt. 5. Gitterstörungen in einem „freien" Kristall; unten links: Röhrchen längs, oben und rechts: schräg geschnitten. 6. Röhrchen eines „freien" Eiweißkristalles im Querschnitt. Die Marke ist jeweils 0,1 μ lang (SCHNEPF 1964).

Lamellenpaketen aufgebaut. Die „freien" Kristalle sind in ihren Dimensionen und auch in der Anordnung der Elemente den Viruseinschlüssen ähnlich. Sie liegen aber nicht wie diese im Plasma, sondern in Eiweißvakuolen.

Schnepf (1964) vergleicht sie mit Einschlüssen, die Kollmann (1955) in Siebröhren beschrieben hat.

In Pollenkörnern und -schläuchen der Asclepiadaceen wurden öfters Eiweißkristalle beobachtet, die vermutlich Reservestoffe darstellen (Guignard 1922). Auffallend große Einschlüsse gibt Paetow (1931) für *Normia* (*Dilleniaceae*), kleinere Huie (1895) für *Scilla patula* an.

Für die Blattepidermis von *Pothos scandens* beschrieb Wakker (1888) hexagonale Blättchen; gleiche Einschlüsse fand Thaler (1956 d) in *Scindapsus aureus* (= *Pothos aureus*). Kristalle, die dem rhombischen System angehören, beobachtete Weber (1955) in *Lilium Henryi* und *L. sutchuenense*. Die Natur dieser Kristalle müßte erst überprüft werden, ebenso jener, die Molisch (1913) in seiner Liste angibt.

6. Eiweißkristalle im Cytoplasma und Zellsaft der Thallophyten

Cramer (1862) fand zum ersten Mal Kristalle in der Meeresalge *Bornetia secundiflora* (*Ceramiaceae*), die in Kochsalzlösung oder Alkohol aufbewahrt worden war. Er unterschied zwei Kristallarten von verschiedener Form und Farbe: 1. rotgefärbtes, hexagonales Rhodospermin, 2. farbloses, oktaedrisches Rhodospermin. Jenes entsteht erst durch die Einwirkung des Kochsalzes, dieses ist schon in lebenden Zellen vorhanden (Cohn 1867). Das hexagonale Rhodospermin oder Florideenrot ist heute unter dem Namen Phykoerythrin bekannt. Es setzt sich aus einer Eiweiß- und einer Farbstoffkomponente zusammen. Diese machen etwa 2% der Chromoproteide aus (vgl. Kylin 1956). Die farblosen Eiweißkristalle liegen entweder (Ceramiaceen) im Plasma oder (z. B. Codiaceen und Derbesiaceen) im Zellsaft (Wakker 1888, Ernst 1904). Die Form der Kristalle ist wie bei Blütenpflanzen sehr mannigfaltig. So kommen Sphärokristalle, Oktaeder, Würfel, sechsseitige Täfelchen, Nadeln und auch Spindeln vor. Ihre Größe variiert sehr; die Länge der Spindeln von *Vaucheria* beispielsweise beträgt 15 μ, ihre Breite 3,5 μ (Molisch 1926). Die Kantenlänge der tetraedrischen Kristalle von *Chladophora pellucida* schwankt zwischen 5 und 40 μ, die der kubischen Kristalle von *Chladophora prolifera* zwischen 15 und 20 μ (Chemin 1931).

Klein (1882 b) gab bereits eine Übersicht der kristallführenden Meeresalgen; diese ist, durch neue Literaturangaben ergänzt, auf S. 38, 39 wiedergegeben. Von Feldmann-Mazoyer (1940) wurden die Eiweißkristalle bei vielen Ceramiaceen beobachtet. Eiweißeinschlüsse in Meeresalgen sind keine Seltenheit, sie kommen aber nicht bei allen Individuen einer Art und nicht zu allen Jahreszeiten vor. Molisch (1926) fand Spindeln und rhomboedrische Kristalle im Zellsaft einer aus dem Süßwasser stammenden *Vaucheria*-Art nur im Herbst (Abb. 36). Die kleinen granulierten Häufchen in der Zelle, die an die x-Körper höherer Pflanzen erinnern, und das gelegentliche Vorkommen der Kristalle lassen hier wieder ein Virus-Eiweiß vermuten. Ziegler (1961) beschrieb spindel-, schleifen- und ringförmige Körper in den Zellen von *Nitophyllum punctatum* und *N. micropunctatum* (Abb. 37). Diese Gebilde sind immer stark von den Plastiden verdeckt und können erst in älteren Zellen beobachtet werden. Da auch bei *Nitophyllum* spindelfreie neben spindelhaltigen Pflanzen vorkommen, vermutete ZIEGLER (1961), daß es sich um Viruseinschlußkörper handeln könnte. Nach zweimonatigem Aufenthalt der Algen in Gläsern, die in Kaltwasserbecken aufbewahrt

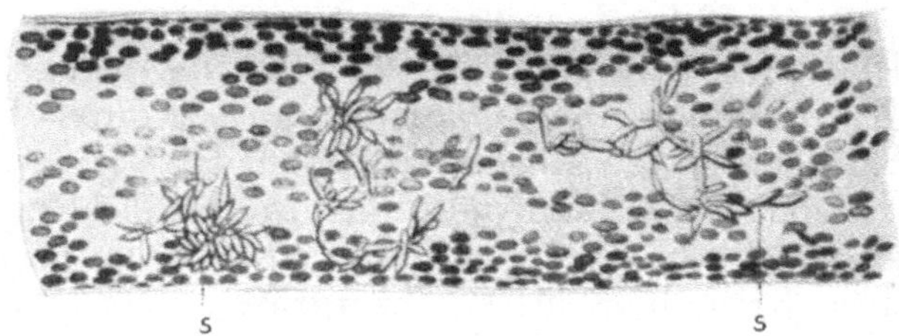

Abb. 36. *Vaucheria sp.* Teil eines Fadens mit Eiweißspindeln (MOLISCH 1926).

waren, veränderten sich die spindelartigen Gebilde. Es waren nur mehr wenige (bis eine) von stark lichtbrechenden Tröpfchen umgebene Fibrillen

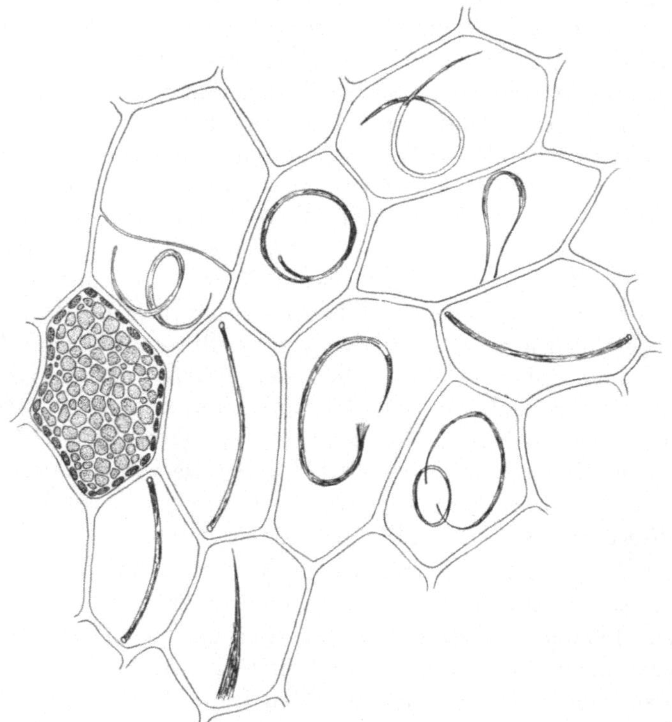

Abb. 37. *Nitophyllum punctatum.* Spindelförmige Inhaltskörper (ZIEGLER 1961).

vorhanden, die ZIEGLER als „Docht" bezeichnet. Oft verschwinden diese Fibrillen und nur die Tröpfchen bleiben zurück (vgl. Abb. 38).

Neomonospora furcellata besitzt außer den hexagonalen kubischen Kristallen (FELDMANN-MAZOYER und MESLIN 1939) auch Eiweißspindeln und -stäbe, die oft bis zu 100 in einer Zelle zu finden sind. Da von dieser Pflanze auch pathologische Formen bekannt sind, die ebenfalls diese Einschlußkörper zeigen, wird eine Viruskrankheit vermutet. Ob es sich wirklich um eine solche handelt, kann erst durch Überimpfen des Preßsaftes spindelhaltiger Individuen auf spindelfreie geklärt werden (THALER 1962).

Zu den geformten Eiweißkörpern sind auch die Stachelkugeln einiger *Nitella*-Arten zu zählen. Sie sind runde oder ovale Gebilde von einem Durchmesser von 22 bis 24 μ, nicht doppelbrechend und kommen in den vier nahe verwandten Arten *Nitella capitata, N. flexilis, N. opaca* und *N. syncarpa* vor. Über diese Gebilde liegen zahlreiche Untersuchungen vor (vgl. OVERTON 1890). Von OVERTON (1890) werden sie für eine Eiweißgerbstoffverbindung gehalten, von VOTAVA (1914) und HÄRTEL (1951) für reines Ei-

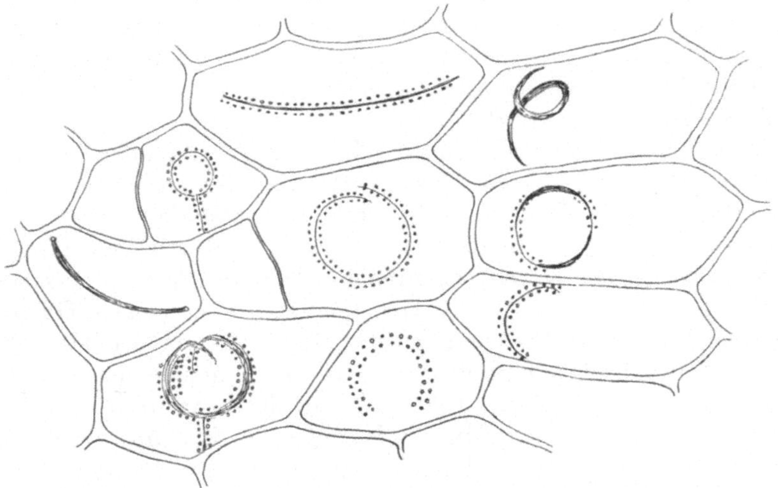

Abb. 38. *Nitophyllum punctatum.* Spindelförmige Einschlüsse zum Teil aufgelöst (ZIEGLER 1961).

weiß. PRAT (1948) schließt auf einen Lipoproteidkomplex. Eine endgültige Klärung steht offenbar noch aus.

Neben den Stachelkugeln kommen in den Internodialzellen von *Nitella* helle Blasen vor, die so wie die Stachelkugeln reagieren und als deren Vorstufe aufgefaßt werden. Sie werden von Verdauungsfermenten leichter angegriffen; HÄRTEL (1951) hält sie für teilungsfähig und nimmt eine „plastidäre Entstehung" der Stachelkugeln an. Die Blase löst sich von der Stachelkugel ab, wenn saure Pufferlösung, Eisenchlorid oder Jod-Jodkalium hinzugefügt wird oder wenn man den Inhalt aus der Zelle ausfließen läßt. In *Nitella gracilis, N. hyalina, N. mucronata, N. tenuissima, Chara contraria* und *Ch. hispida* kommen unregelmäßige Körper vor, die oft mit Höckern versehen sind und die gleichen Reaktionen wie die Stachelkugeln geben.

Die biologische Bedeutung der beschriebenen Einschlußkörper ist noch immer unbekannt. Das Eiweiß wird nicht als Reservestoff verwendet, es scheint vielmehr das Ergebnis eines „luxurierenden Stoffwechsels" zu sein (HÄRTEL 1951). Hexagonale Kristalle hielt KLEIN (1882 a) für Reservestoffe, weil er bei *Acetabularia* die Kristalle nur dann fand, wenn noch keine Sporen ausgebildet waren; anscheinend werden sie bei der Sporenbildung verbraucht. Allerdings wurden bei vielen Algen die Kristalle in der Zeit der

Fruktifikation, im Juni, Juli, beobachtet. BERTHOLD (1886) hielt sie daher für Exkrete. CHEMIN (1931) sieht die Eiweißkristalle der *Cladophora*-Arten als Ergebnis eines an Proteinsubstanzen übersättigten Zellsaftes an.

Die sternförmigen Gebilde, die bei Verletzung der Zelle bei *Derbesia* und *Bryopsis* ausgestoßen werden, wurden von KLEMM (1894) beobachtet. KÜSTER (1899) untersuchte sie eingehender und fand, daß sie Sphärokristalle aus Eiweiß sind. KLEMM wie auch KÜSTER halten sie für Desorganisationsprodukte des Protoplasmas. NOLL (1899), ebenso ERNST (1904) beobachteten diese Kristalle auch in der lebenden Zelle, und zwar im Zellsaft, wo sie allerdings wegen der dicken Chloroplastenschicht schwer zu sehen sind. Weil sie unter ungünstigen Verhältnissen wieder aufgelöst und in den Stoffwechsel einbezogen werden, wurden sie von diesen Autoren für Reservestoffe gehalten. Im *Derbesia Lamourouxii*-Zellsaft kommen nicht nur die Sphärokristalle vor, sondern auch anders geformte Proteinkristalle (WAKKER 1888, BERTHOLD 1886, ERNST 1904).

Auch in Pilzen wurden Eiweißkristalle (Oktaeder, quadratische Pyramiden) schon oft gefunden. So sind sie in der Familie der Mucoraceen allgemein verbreitet (VAN TIEGHEM 1875). In den Sporangienträgern von *Pilobolus* beobachtete sie erstmals KLEIN (1872); in denen von *Phycomyces blakesleeanus* wurden sie von THORNTON und THIMANN (1964) elektronenmikroskopisch untersucht. Die Kristallkörper können bis zu 1,5 μ im Durchmesser sein und sind von einer dünnen gefalteten Membran umgeben. Der Zwischenraum des Gitterwerkes beträgt 131 Å. Es wird angenommen, daß diese Kristalle wie die in der *Avena*-Koleoptile mit der phototropischen Sensibilität im Zusammenhang stehen. In den Hyphen von *Merulius* wurden sie von LOHWAG (1938) und in vielen Basidiomyceten von VAN BAMBEKE (1902 a, b) gesehen.

In folgenden Arten und Unterarten kommen Eiweißkristalle vor:

Algen

Rhodomelaceae	
Laurencia pinnatifida	KLEIN 1882 b
Polysiphonia funebris	KLEIN 1882 b
P. purpurea	KLEIN 1882 b
P. sanguinea	KLEIN 1882 b
Ceramiaceae	
Aglaothamnion tripinnatum	FELDMANN-MAZOYER 1940
Antithamnion Plumula var. *crispum*	FELDMANN-MAZOYER 1940
A. tenuissimum	FELDMANN-MAZOYER 1940
Bornetia secundiflora	CRAMER 1862, KLEIN 1882 b
Callithamnion corymbosum	FELDMANN-MAZOYER 1940
C. granulatum	FELDMANN-MAZOYER 1940
C. griffithsioides	KLEIN 1882 b
C. seminudum	KLEIN 1871, 1882 b
Ceramium ciliatum	DAMMANN 1932
C. Deslongchampii	DAMMANN 1932
C. elegans	KLEIN 1882 b
C. rubrum	DAMMANN 1932
C. tenerrinum	FELDMANN-MAZOYER 1940

Compsothamnion thuyoides	Feldmann-Mazoyer 1940
Dohrniella neapolitana	Feldmann-Mazoyer 1940
Gongroceras pellucidum	Klein 1871, 1882b, Feldmann-Mazoyer 1940
Griffithsia barbata	Klein 1871, 1882b, Feldmann-Mazoyer 1940
G. heteromorpha	Klein 1882 b
G. neapolitana	Klein 1871, 1882 b
G. parvula	Klein 1882 b
G. phyllamorpha	Feldmann-Mazoyer 1940
G. Schousboei	Klein 1882 b, Feldmann-Mazoyer 1940
G. setacea = *G. flosculosa* var. *sphaerica*	Klein 1882 b, Feldmann-Mazoyer 1940
G. sphaerica	Feldmann-Mazoyer 1940
G. tenuis	Feldmann-Mazoyer 1940
Neomonospora furcellata	Feldmann-Mazoyer und Meslin 1939, Feldmann-Mazoyer 1940, Thaler 1962
N. pedicellata	Feldmann-Mazoyer und Meslin 1939, Feldmann-Mazoyer 1940
Pleonosporium Borreri	Feldmann-Mazoyer 1940
Sphondylothamnion multifidum	Feldmann-Mazoyer 1940
Vickersia baccata	Feldmann-Mazoyer 1940
Wrangelia penicillata	Feldmann-Mazoyer 1940
Bryopsidaceae	
Bryopsis Balbisiana	Klein 1882 b
Derbesiaceae	
Derbesia Lamourouxii	Berthold 1886, Wakker 1888, Klemm 1894, Küster 1899, Noll 1899, Ernst 1904
D. neglecta	Ernst 1904
D. tenuissima	Ernst 1904
Vaucheriaceae	
Vaucheria sp.	Molisch 1926
Codiaceae	
Codium adhaerens	Ernst 1904
C. Bursa	Klein 1882, Ernst 1904
C. elongatum	Ernst 1904
Dasycladaceae	
Acetabularia mediterranea	Klein 1882 b, Ernst 1904
Dasycladus clavaeformis	Klein 1882 b, Ernst 1904
Cladophoraceae	
Cladophora pellucida	Chemin 1931
C. prolifera	Klein 1882 b, Chemin 1931, Leib 1935
C. rupestris	Chemin 1931
Pilze	
Mucoraceae	
Chaetocladium	Van Tieghem 1875
Chaetostylum Fresenii	Van Tieghem 1875
Helicostylum elegans	Van Tieghem 1875
Mortierella pilulifera	Van Tieghem 1875
M. polycephala	Van Tieghem 1875
M. tuberosa	Van Tieghem 1875
Mucor Mucedo	Van Tieghem 1875

M. plasmaticus	Van Tieghem 1875
Phycomyces blakesleeanus	Thornton und Thimann 1964
Pilaira Cesatii	Thornton und Thimann 1964
Pilobolus	Klein 1872, Van Tieghem 1875, Wakker 1888
Rhizopus nigricans	Van Tieghem 1875
Spinellus fusiger	Van Tieghem 1875
Sporodinia grandis	Van Tieghem 1875
Thamnidium elegans	Van Tieghem 1875
Piptocephalidaceae	
Piptocephalis arrhiza	Van Tieghem 1875
Clavariaceae	
Clavaria fusiformis	Van Bambeke 1902 a
Polyporaceae	
Boletus chrysenteron	Van Bambeke 1902 a
B. luteus	Van Bambeke 1902 a
B. pachypus	Van Bambeke 1902 a
B. satanas	Van Bambeke 1902 a
B. scaber	Van Bambeke 1902 a
Fistulina hepatica	Van Bambeke 1902 a
Fomes lucidus	Van Bambeke 1902 a
Gyrodon mougeotti	Van Bambeke 1902 a
Merulius	Lohwag 1938
Polyporus adustus	Van Bambeke 1902 a
Trametes trogii	Van Bambeke 1902 a
Agaricaceae (Reihenfolge nach Van Bambeke 1902)	
Amanita phalloides	Van Bambeke 1902 a
A. mappa	Van Bambeke 1902 a
A. caesaria	Van Bambeke 1902 a
A. muscaria	Van Bambeke 1902 a
A. pantherina	Van Bambeke 1902 a
A. rubescens	Van Bambeke 1902 a
A. spissa	Van Bambeke 1902 a
A. junquillea	Van Bambeke 1902 a
Amanitopsis vaginata	Van Bambeke 1902 a
Lepiota meleagris	Van Bambeke 1902 a, b
L. cepaestipes	Van Bambeke 1902 a, b
L. cristata	Van Bambeke 1902 a
L. clypeolaria	Van Bambeke 1902 a
L. serena	Van Bambeke 1902 a
L. granulosa	Van Bambeke 1902 a
L. procera	Van Bambeke 1902 a
Armillaria mellea	Van Bambeke 1902 a
Tricholoma rutilans	Van Bambeke 1902 a
T. equestre	Van Bambeke 1902 a
T. amethystinum	Van Bambeke 1902 a
T. nudum	Van Bambeke 1902 a
T. imbricatum	Van Bambeke 1902 a
T. striatum	Van Bambeke 1902 a
Clitocybe clavipes	Van Bambeke 1902 a
C. fumosa	Van Bambeke 1902 a

C. infundibuliformis	VAN BAMBEKE 1902 a
C. expallens	VAN BAMBEKE 1902 a
C. phyllophila	VAN BAMBEKE 1902 a
C. virens	VAN BAMBEKE 1902 a
Collybia velutipes	VAN BAMBEKE 1902 a
C. fusipes	VAN BAMBEKE 1902 a
C. confluens	VAN BAMBEKE 1902 a
C. dryophila	VAN BAMBEKE 1902 a
Mycena pura	VAN BAMBEKE 1902 a
Pleurotus ostreatus	VAN BAMBEKE 1902 a
P. conchatus	VAN BAMBEKE 1902 a
Hygrophorus conicus	VAN BAMBEKE 1902 a
Lactarius torminosus	VAN BAMBEKE 1902 a
L. pubescens	VAN BAMBEKE 1902 a
L. vellereus	VAN BAMBEKE 1902 a
L. piperatus	VAN BAMBEKE 1902 a
L. controversus	VAN BAMBEKE 1902 a
L. deliciosus	VAN BAMBEKE 1902 a
L. chrysorheus	VAN BAMBEKE 1902 a
L. rufus	VAN BAMBEKE 1902 a
L. obnubilis	VAN BAMBEKE 1902 a
L. plumbeus	VAN BAMBEKE 1902 a
L. blennius	VAN BAMBEKE 1902 a
L. theiogalus	VAN BAMBEKE 1902 a
L. azonites	VAN BAMBEKE 1902 a
L. pyrogalus	VAN BAMBEKE 1902 a
L. turpis	VAN BAMBEKE 1902 a
L. volemus	VAN BAMBEKE 1902 a
Russula pectinata	VAN BAMBEKE 1902 a
R. emetica	VAN BAMBEKE 1902 a
R. cyanoxantha	VAN BAMBEKE 1902 a
R. delica	VAN BAMBEKE 1902 a
Cantharellus carbonarius	VAN BAMBEKE 1902 a
Nyctalis asterophora	VAN BAMBEKE 1902 a
Marasmius rotula	VAN BAMBEKE 1902 a
Lentinus cochleatus	VAN BAMBEKE 1902 a
L. tigrinus	VAN BAMBEKE 1902 a
Panus stypticus	VAN BAMBEKE 1902 a
Schyzophyllum spez.	VAN BAMBEKE 1902 a
Volvaria speciosa	VAN BAMBEKE 1902 a
Pluteus cervinus	VAN BAMBEKE 1902 a
Clitopilus prunulus	VAN BAMBEKE 1902 a
Nolanea pascua	VAN BAMBEKE 1902 a
Pholiota mutabilis	VAN BAMBEKE 1902 a
P. destruens	VAN BAMBEKE 1902 a
P. squarrosa	VAN BAMBEKE 1902 a
P. radicosa	VAN BAMBEKE 1902 a
P. aurivella	VAN BAMBEKE 1902 a
P. terrigena	VAN BAMBEKE 1902 a
Inocybe rimosa	VAN BAMBEKE 1902 a
I. fastigiata	VAN BAMBEKE 1902 a
Hebeloma crustuliniformis	VAN BAMBEKE 1902 a

Naucoria pediades	Van Bambeke 1902 a
N. semiorbicularis	Van Bambeke 1902 a
N. tabacina	Van Bambeke 1902 a
Galera tenera	Van Bambeke 1902 a
Tubaria spez.	Van Bambeke 1902 a
Crepidotus spez.	Van Bambeke 1902 a
Cortinarius mucosus	Van Bambeke 1902 a
C. glaucopus	Van Bambeke 1902 a
C. coerulescens	Van Bambeke 1902 a
Paxillus involutus	Van Bambeke 1902 a
P. atratomentosus	Van Bambeke 1902 a
Agaricus campestris	Van Bambeke 1902 a
A. arvensis	Van Bambeke 1902 a
Stropharia melasperma	Van Bambeke 1902 a
St. aeruginosa	Van Bambeke 1902 a
Hypholoma fasciculare	Van Bambeke 1902 a
H. sublateritium	Van Bambeke 1902 a
H. candolleanum	Van Bambeke 1902 a
H. velutinum	Van Bambeke 1902 a
Coprinus comatus	Van Bambeke 1902 a
C. atramentarius	Van Bambeke 1902 a
C. micaceus	Van Bambeke 1902 a
C. extinctorius	Van Bambeke 1902 a
C. deliquescens	Van Bambeke 1902 a
C. stercorarius	Van Bambeke 1902 a
Panaeolus papilionaceus	Van Bambeke 1902 a
P. campanulatus	Van Bambeke 1902 a
Anellaria separata	Van Bambeke 1902 a
Gomphidius viscidus	Van Bambeke 1902 a
Hymenogastraceae	
Rhizopogon luteolus	Van Bambeke 1902 a
Lycoperdae	
Lycoperdon caelatum	Van Bambeke 1902 a
Scleroderma vulgare	Van Bambeke 1902 a
Tulostoma mammosum	Van Bambeke 1902 a
Nidulariaceae	
Cyathus vernicosus	Van Bambeke 1902 a
Mucedinaceae	
Dimargaris cristalligena	Van Tieghem 1875

II. Eiweißkristalle im Zellkern

1. Allgemeines

Bei einer Reihe von Pflanzen (vgl. Liste) werden Eiweißkristalle im Kern vorübergehend ausgeschieden. Manchmal scheinen Nukleolen und Kristalle in enger Beziehung zu stehen. So findet man im Mesophyll des Perianths junger Blütenknospen von *Galtonia* Kerne mit großen Nukleolen und kleinen Kristallen, zur Blütezeit enthalten die Kerne kleine Nukleolen

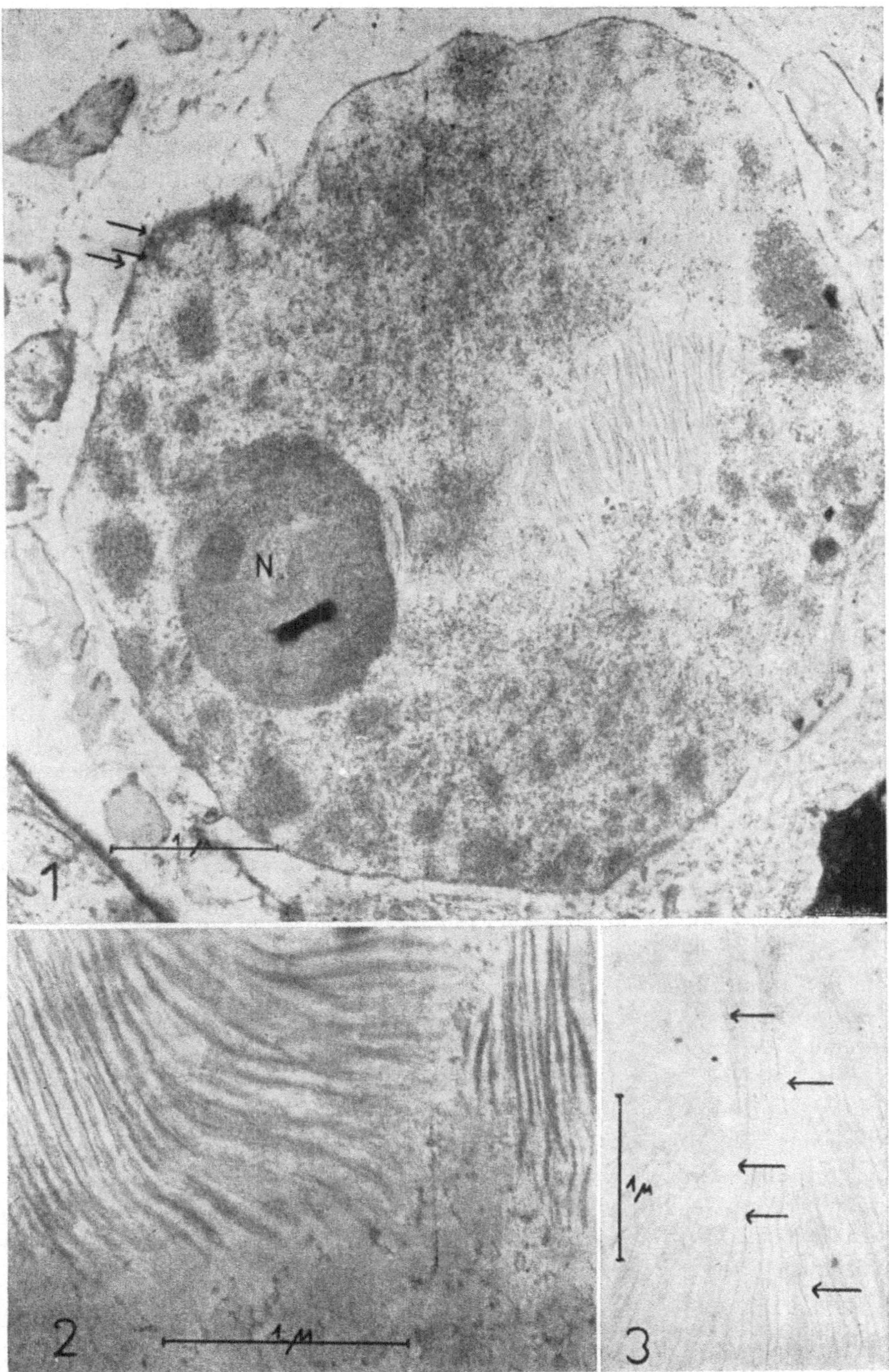

Abb. 39. *Pinguicula bakeriana*. 1. Zellkern mit Nukleolus (N) und Eiweißkristall. In der Kernmembran zahlreiche Poren. Elt. opt. 7500×, Endvergr. 23000×. 2. Teile zweier Kristalle aus dem Zellkern. Lamellen teils quer, teils schräg getroffen Elt. opt. 15000×, Endvergr. 33000×. 3. Teil eines Kristalls aus einem stark hydratisierten Zellkern mit sehr locker angeordneten Lamellen. Pfeile markieren die Verzweigungen. Elt. opt. 7500×, Endvergr. 22000× (SCHNEPF 1960).

und große Kristalle (Kiehn 1917). Die Kernkörperchen können aber auch durch Eiweißkristalle ersetzt werden, wie dies in den Kernen der Schließzellen von *Dahlia variabilis* der Fall ist (Weber 1926).

Die Feinstruktur der Kernkristalle von *Pinguicula bakeriana* wurde von Schnepf (1960) untersucht. Wie bereits Klein (1882 a) lichtmikroskopisch feststellte, sind sie flächige Gebilde, die aus vielen feinen, etwa 65 Å dicken, oft auch verzweigten Lamellen aufgebaut sind. „Nicht selten besteht eine enge räumliche Beziehung zum Nukleolus (...). Dieser hat eine Eindellung, von der aus der Kristalloid sich in den Kern hinein erstreckt. Häufig sind gerade hier die Lamellen nur schlecht dargestellt" (Schnepf 1960, S. 244), vgl. Abb. 39. Es ist daher unsicher, ob sich die Kristalle aus der Substanz des Nukleolus entwickeln oder ob sie von der Karyolymphe ausgeschieden werden.

Die Kernkristalle in den Zellen der Fruchtknotenwand von *Lathraea clandestina* gleichen sehr denen von *Pinguicula* (Schnepf 1964). Die geldrollenartig angeordneten Lamellen sind 7 mμ dick und liegen frei im Kernplasma (Abb. 35, 1). Pakete dieser Lamellen bilden vermutlich die lichtmikroskopischen Plättchen. *Lathraea* gehört zu den wenigen Pflanzen, die nicht nur im Kern Eiweißkristalle führen, sondern scheinbar auch im Cytoplasma. Diese liegen allerdings in speziellen Eiweißvakuolen. Ihre Feinstruktur ist von der der Kernkristalle ganz verschieden (vgl. S. 33, 34).

Während der Mitose ändert sich der gesamte Aufbau des Kernes, wobei sich die Nukleolen und Kristalle nicht immer gleich verhalten. Die Kristalle sind in den meisten untersuchten Fällen noch während der Metaphase zu beobachten, während der Nukleolus schon in der Prophase verschwindet.

Die Nukleolen entstehen anscheinend ganz anders als die Kristalle. Während bei den höheren Pflanzen die Nukleolen immer an bestimmten Chromosomenabschnitten gebildet werden, ist die Entstehungsweise der Kristalle noch nicht genau bekannt. Die Eiweißkristalle sind Feulgennegativ, nur Conard (1941) gibt eine positive Reaktion der Eiweißkristalle in den Kernen der Winterknospen von *Pinguicula an.* In älteren Blättern verläuft die Reaktion negativ. Ob die Kristalle Ribonukleinsäure enthalten, müßte untersucht werden.

Die Untersuchung der Eiweißkristalle ist oft sehr erschwert, weil sie äußerst labil sind. In ihrem Verhalten gegenüber Farbstoffen sind sie dem Nukleolus sehr ähnlich; sie färben sich vor allem mit sauren Farbstoffen. Es gibt nur wenige Färbemethoden, nach denen man die beiden unterscheiden kann (z. B. Doppelfärbung mit Säurefuchsin und Haematoxylin nach Zimmermann 1892, vgl. S. 74). In Alkalien und Säuren sind die Nukleolen schwer, die Eiweißkristalle leicht löslich (vgl. S. 72).

2. Form und Größe der Kristalle

Die Eiweißkörper im Kern sind denen im Cytoplasma sehr ähnlich. Sie können würfelig, prismatisch, rhombisch, oktaederähnlich, nadel-, spindel-, ringförmig oder kugelig sein (Abb. 40). Eine genaue Kristallbestimmung ist wegen ihrer Kleinheit und der selten streng definierten Formen (durch häufiges Auflösen eines Teiles der Substanz) nicht möglich. So schreibt TISCHLER (1934, S. 167): „Nach Analogie werden wir wohl reguläre und zwar z. T.

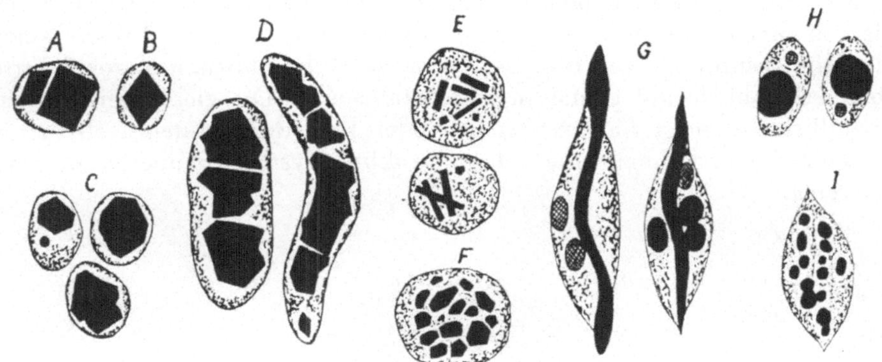

Abb. 40. Zellkerne mit Eiweißkristallen. A. *Melampyrum arvense*, Schwammparenchym. B. *Russelia juncea*, Fruchtknotenwand. C. *Stylidium adnatum*, Palisadenparenchym. D. *Alectorolophus maior*, Fruchtknotenwand. E. *Polypodium caespitosum*, Blattepidermis. F. *Melampyrum pratense*, Fruchtknotenwand. G. *Campanula trachelium*, Fruchtknotenwand. H. *Maurandia scandens*, Blattepidermis. I. *Adiantum macrophyllum*, Schwammparenchym. Die Kristalle sind schwarz, die Nukleolen schraffiert. (Nach ZIMMERMANN, aus TISCHLER 1934.)

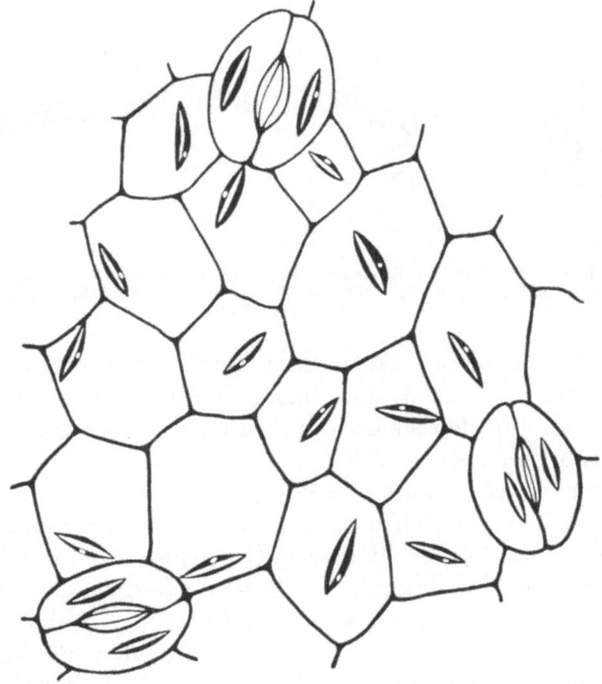

Abb. 41. *Campanula Medium*. Epidermis der Keimblattunterseite. Zellkern mit je einer Eiweißspindel und einem Nukleolus. In den Kernen der Schließzellen Nukleolus meist nicht sichtbar (KENDA, THALER und WEBER 1951).

holoëdrische (...), z. T. hemiëdrisch tetraëdrische (erg. Kristalle) zu erwarten haben. Daneben kommen sicherlich auch hexaëdrische vor." SCHIMPER (1881) gibt an, daß manche Kristalle, z. B. bei *Lathraea*, dem monoklinen System angehören und POIRAULT (1893) hält es für wahrscheinlich, daß auch monokline und rhombische Kristalle vorkommen. GICKLHORN (1932) und TISCHLER

(1934) bezweifeln allerdings, daß die Eiweißkristalle im Kern vier verschiedenen Kristallsystemen angehören können.

Mit Hilfe der Röntgenanalyse stellten COHN und EDSALL (1943) fest, daß die von ihnen untersuchten Proteine (Ribonuklease, Pepsin, Tabak-Samenglobulin, Insulin usw.) in fünf Systemen, nämlich kubisch, hexagonal, tetragonal, rhombisch und monoklin auskristallisieren. Die globulären Proteine kristallisieren meist im hexagonalen oder kubischen System, seltener im tetragonalen und rhombischen, das monokline System ist überhaupt kaum vertreten.

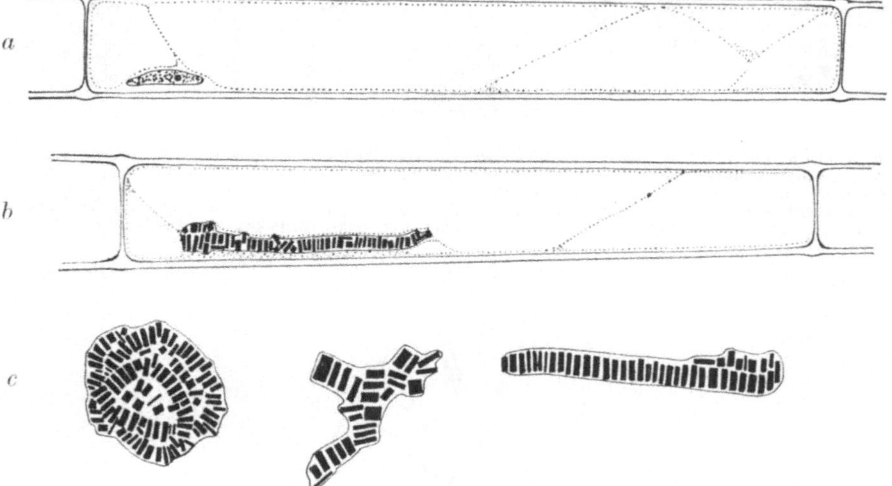

Abb. 42. a) Mittelpartie eines Kelchblatthaares von *Melampyrum nemorosum* (Kern ohne Kristalle). b) Zelle eines anderen Haares mit Kern, der Eiweißkristalle führt. c) Anordnung der Kristalle in den Zellkernen (GICKLHORN 1932).

Die Kugeln, Spindeln, Nadeln und die fadenförmigen Schleifen kann man in kein Kristallsystem einordnen. Im allgemeinen sind die Kristalle eines Kernes von nur gleicher Gestalt. Ein Kristalldimorphismus wurde zum ersten Mal von ZIMMERMANN (1893) in den Kernen der Epidermiszellen der Fruchtknotenwand von *Campanula Trachelium* beschrieben. In diesen Kernen kommen neben Spindeln rundliche oder oktaederähnliche eiweißartige Einschlußkörper vor. Einen ähnlichen Dimorphismus fand REITER (1956 b) in den Kernen der Fruchtknotenwand von *Campanula punctata*. In der Gattung *Campanula* enthalten sogar die Kerne der Schließzellen Kristalle (Abb. 41), während sie den meisten kristallführenden Pflanzen fehlen. Die Kristalle treten im Kern meist in Einzahl auf. Man findet aber auch alle Übergänge von Kernen mit einem Kristall bis zu weit über hundert in den Haarzellen von *Melampyrum* (GICKLHORN 1932). Hier liegen die Kristalle geldrollenartig nebeneinander und deformieren den Kern so stark, daß er manchmal nur mehr als Hülle zu erkennen ist (Abb. 42).

Die verschiedene Größe der Kristalle steht nicht im Zusammenhang mit der Größe des Kernes (Abb. 40). Die Kristalle einer Pflanze sind meist annähernd gleich groß. Es gibt allerdings auch solche, bei denen die Kristalle in den verschiedenen Geweben unterschiedlich groß sind. Sehr große findet man in der Fruchtknotenwand von *Alectorolophus major, Galtonia candicans,* auch in den Blättern von *Melampyrum arvense.* Sehr kleine Kristalle kommen in Pteridophyten und *Paulownia imperialis* vor. Die Anzahl der Kristalle hängt von verschiedenen Faktoren ab, so z. B. vom Alter der Pflanze und von den Ernährungsbedingungen. WEBER (1956 a) konnte in der Blütenregion von *Albuca* eine Vermehrung der Kristalle vor der Blütezeit beobachten. Während der Blütezeit tritt in den Haaren von *Melampyrum* eine größere Zahl von Kristallen auf (GICKLHORN 1932).

3. Vorkommen der Kristalle

RADLKOFER (1859) beschrieb erstmals die Kristalle im Kern von *Lathraea squamaria,* VOGL (1866) bildete spindelförmige Kristalle in den Kernen des Wurzelparenchyms von *Campanula Trachelium* ab, ohne sich über die Natur der Einschlüsse im klaren zu sein. Es folgen weitere Beobachtungen von KRAUS (1872) an *Polypodium ireoides,* von KLEIN (1880 a, b, 1882 a) an *Pinguicula* und *Utricularia;* KALLEN (1882) fand in den Kernen der Borstenhaare von *Urtica urens* Kristalle, RAUNKIAER (1887) in denen von *Stylidium adnatum,* DUFOUR (1886) in *Campanula thyrsoidea* usw. ZIMMERMANN (1893) studierte eingehend die Verbreitung der Kernkristallbildung im Pflanzenreich. Von ihm stammt auch die erste Zusammenfassung über die in der Literatur angegebenen kernkristallbesitzenden Pflanzen. Weitere Zusammenfassungen finden wir bei MOLISCH (1913), MEYER (1920), LINSBAUER (1930, Aufzählung der Pflanzen, bei denen die Kristalle nur in den Kernen der Epidermiszellen zu finden sind) und TISCHLER (1934). In der folgenden Liste sollen die angegebenen Zusammenstellungen ergänzt werden.

Pteridophyta		
Schizaeaceae		
Aneimia phyllitidis	ZIMMERMANN 1893	Blatt
Dicksoniaceae		
Dicksonia adiantoides	POIRAULT 1893	Blatt
Polypodiaceae		
Acrostichum flagelliferum	POIRAULT 1893	Blatt
Adiantum makrophyllum	ZIMMERMANN 1893	Blatt
Aspidium molle	ZIMMERMANN 1893	Blatt
Asplenium alatum	ZIMMERMANN 1893	Blatt und Indusium
A. celtidifolium	ZIMMERMANN 1893, POIRAULT 1893	Blatt und Indusium
A. diversifolium	ZIMMERMANN 1893	Blatt
A. nidus	ZIMMERMANN 1893	Blatt
Blechnum brasiliense	POIRAULT 1893	Blatt
B. fraxineum	ZIMMERMANN 1893	Blatt
Cystomium falcatum	POIRAULT 1893	Blatt
Nephrolepis tuberosa	ZIMMERMANN 1893	Blatt
Phegopteris crenata	POIRAULT 1893, ZIMMERMANN 1893	Blatt und Indusium

Polypodium appendiculatum	KRAUS 1872, ZIMMERMANN 1893	Blatt
P. caespitosum	KRAUS 1872, ZIMMERMANN 1893	Blatt
P. difforme	KRAUS 1872, ZIMMERMANN 1893	Blatt
P. ireoides	KRAUS 1872, ZIMMERMANN 1893	Blatt
P. loriceum	POIRAULT 1893, ZIMMERMANN 1893	Blatt und Blattstiele
P. rhodopleurum	ZIMMERMANN 1893	Blatt
P. vacillans	ZIMMERMANN 1893	Rhizomspitze, Grundgewebszellen
P. venosum	ZIMMERMANN 1893	Blatt
Pteris serrulata	ZIMMERMANN 1893	Indusium
Woodwardia radicans	ZIMMERMANN 1893	Blatt
Parkeriaceae		
Ceratopteris thalictroides	ZIMMERMANN 1893, RUSSOW 1899	Blatt
Salviniaceae		
Salvinia auriculata	LITARDIÈRE 1920	Blatt
S. natans	LITARDIÈRE 1928	Wand der Sporokarpien
Gymnospermae		
Abietaceae		
Larix decidua	RUSSOW 1899	Mark, Sproßenden
Pinus silvestris	STRUMPF 1898	Markstrahlen
Angiospermae		
Dicotyledones		
Urticaceae		
Laportea gigas	NĚMEC 1930	Brennhaar
Urtica urens	KALLEN 1882	Borstenhaare
Phytolaccaceae		
Ledenbergia rosea	ZIMMERMANN 1893	Blatt
Rivina humilis	STOCK 1892, ZIMMERMANN 1893	Blatt
Nyctaginaceae		
Mirabilis Jalapa	MARWINSKI 1930	Samen
Cactaceae		
Epiphyllum truncatum	MILIČIĆ und PLAVŠIĆ 1956	entstanden durch Infektion mit Gewebesaft einer viruskranken *Opuntia brasiliensis*
Opuntia brasiliensis	MILIČIĆ 1954	viruskrank
Papilionaceae		
Astragalus aleppicus	WLADARSCH 1963	Blatt
A. alopecuros	WLADARSCH 1963	Blatt
A. alpinus	WLADARSCH 1963	Blatt
A. aristatus	WLADARSCH 1963	Blatt, Stamm, Kelch, Hülse

A. chlorocyaneus	WLADARSCH 1963	Blatt
A. Clusii	WLADARSCH 1963	Blatt
A. dasyanthus	WLADARSCH 1963	Blatt
A. falcatus	WLADARSCH 1963	Blatt
A. Fenzlii	WLADARSCH 1963	Blatt
A. frigidus	WLADARSCH 1963	Blatt
A. galegiformis	WLADARSCH 1963	Blatt
A. Glaux	WLADARSCH 1963	Blatt
A. glycyphyllos	MRAZEK 1910, WLADARSCH 1963	Blatt, Stamm
A. hellenicus	WLADARSCH 1963	Blatt
A. humillimus	WLADARSCH 1963	Blatt
A. incurvus	WLADARSCH 1963	Blatt
A. latifolius	WLADARSCH 1963	Blatt
A. longiflorus	WLADARSCH 1963	Blatt
A. macrorrhizus	WLADARSCH 1963	Blatt
A. megalotropis	WLADARSCH 1963	Blatt
A. monspessulanus	WLADARSCH 1963	Blatt, Stamm, Kelch, Hülse
A. narbonensis	WLADARSCH 1963	Blatt
A. nevadensis	WLADARSCH 1963	Blatt
A. oxyglottis	WLADARSCH 1963	Blatt
A. ponticus	WLADARSCH 1963	Blatt
A. racemosus	WLADARSCH 1963	Blatt
A. Russelii	WLADARSCH 1963	Blatt
A. sesameus	WLADARSCH 1963	Blatt
A. siculus	WLADARSCH 1963	Blatt, Stamm, Kelch, Hülse
A. spinosus	WLADARSCH 1963	Blatt
A. Spruneri	WLADARSCH 1963	Blatt
A. utahensis	WLADARSCH 1963	Blatt, Stamm, Kelch, Hülse
A. Vandasii	WLADARSCH 1963	Blatt
A. virgatus	WLADARSCH 1963	Blatt
A. Wulfeni	WLADARSCH 1963	Blatt
Pachyrrhizus tuberosus	BACCARINI 1895	
Phaseolus multiflorus	BACCARINI 1895	
Vicia faba	MCWHORTER 1941	infiziert mit Pisum-Virus 2 und Phaseolus-Virus 2 bildet isometrische Kristalle
Halorrhagidaceae		
Hippuris vulgaris	ZIMMERMANN 1893	Blatt, Sproß
Linaceae		
Linum austriacum	ZIMMERMANN 1893	Blatt, Frucht
Geraniaceae		
Pelargonium sp.	NÁBĚLEK 1933	nur unter dem Einfluß von *Agrobacterium tumefaciens*

Pirolaceae		
Chimaphila umbellata	RAUNKIAER 1882	
Moneses uniflora	RAUNKIAER 1882	
Pirola chlorantha	RAUNKIAER 1882, ZIMMERMANN 1893	Blütenboden, Stamm und Blatt
P. minor	RAUNKIAER 1882, ZIMMERMANN 1893	Blütenboden, Stamm und Blatt
P. secunda	RAUNKIAER 1882, ZIMMERMANN 1893	Blütenboden, Stamm und Blatt
P. uniflora	RAUNKIAER 1882, ZIMMERMANN 1893	Blütenboden, Stamm und Blatt
P. rotundifolia	RAUNKIAER 1882, ZIMMERMANN 1893	Blütenboden, Stamm und Blatt
Convolvulaceae		
Calystegia Soldanella	BORZI 1894	Blatt
Convolvulus althaeoides	BORZI 1894	Blatt
C. arvensis	BORZI 1894	Blatt
C. hirsutus	BORZI 1894	Blatt
Solanaceae		
Capsicum annuum	WOODS und ECK 1948	
Datura stramonium	KASSANIS 1939	
Hyoscyamus niger	KASSANIS 1939	
Lycopersicum esculentum	WOODS und ECK 1948	
Nicotiana glutinosa	KASSANIS 1939	
N. paniculata	WOODS und ECK 1948	
N. sylvestris	KASSANIS 1939	
N. tabacum	KASSANIS 1939, WOODS und ECK 1948	mit einem Stamm des Tabakmosaikvirus infiziert
Scrophulariaceae		
Alectorolophus Alectorolophus	SPERLICH 1907	hauptsächlich in den Saugorganen
A. angustifolius	SPERLICH 1902	hauptsächlich in den Saugorganen
A. ellipticus	SPERLICH 1902	hauptsächlich in den Saugorganen
A. hirsutus	SPERLICH 1902	hauptsächlich in den Saugorganen
A. lanceolatus	SPERLICH 1902	hauptsächlich in den Saugorganen
A. major	ZIMMERMANN 1893, SPERLICH 1902	in fast allen Organen der Pflanze
A. minor	ZIMMERMANN 1893, SPERLICH 1907	Blatt, Fruchtknoten
A. subalpinus	SPERLICH 1907	Blatt
Bartsia alpina	DOULAT 1946	Blatt
Digitalis grandiflora	ZIMMERMANN 1893	Blatt
Halleria lucida	ZIMMERMANN 1893	Blatt

Lathraea clandestina	HEINRICHER 1892, 1896, 1931, SCHNEPF 1964	in allen Geweben Fruchtknotenwand
L. rhodopea	HEINRICHER 1900	Drüsenhaare des Kelches
L. squamaria	RADLKOFER 1859, HEINRICHER 1892, 1896, 1900, 1931, KENDA, THALER und WEBER 1951	in allen Organen der Pflanze
Linaria cymbalaria	ZIMMERMANN 1893	Blatt
L. vulgaris	ZIMMERMANN 1893	Blatt
Lophospermum scandens	ZIMMERMANN 1893	Blatt, Köpfchenhaare
Maurandia scandens	ZIMMERMANN 1893, RUSSOW 1899	Blatt
Melampyrum arvense	ZIMMERMANN 1893, GICKLHORN 1932	Blatt, Fruchtknoten, Haare der Kelchblätter
M. nemorosum	GICKLHORN 1932	äußere Epidermis der Kelchblätter
M. pratense	SPERLICH 1902	Haustorium
M. silvaticum	SPERLICH 1902	Haustorium
Mimulus Tillingii	ZIMMERMANN 1893	Stamm, Blatt, Fruchtknoten, Corolle
Paulownia imperialis	ZIMMERMANN 1893	Blatt
Pedicularis asplenifolia	SPERLICH 1902	Haustorium
P. palustris	SPERLICH 1902	Haustorium
P. silvatica	ZIMMERMANN 1893	Blatt
Pentstemon Digitalis	ZIMMERMANN 1893	Blatt
Phygelius capensis	ZIMMERMANN 1893	Blatt
Russelia juncea	ZIMMERMANN 1893	Blatt
Scrophularia scorodonia	ZIMMERMANN 1893	Blatt
Torenia asiatica	ZIMMERMANN 1893	Blatt
Tozzia alpina	HEINRICHER 1901	Köpfchendrüsen, Niederblätter, blühende Achse
Verbascum Blattaria	ZIMMERMANN 1893	Blatt, Fruchtknoten
Veronica Andersoni	ZIMMERMANN 1893	Blatt
V. Chamaedrys	ZIMMERMANN 1893	Blatt, Stamm
V. nitida	ZIMMERMANN 1893	Blatt, Stamm
V. salicifolia	ZIMMERMANN 1893	Blatt
Lentibulariaceae		
Pinguicula alpina	KLEIN 1880 a, b, 1882 a, RUSSOW 1881, DOULAT 1947, WLADARSCH 1963	Blatt, gestielte und ungestielte Drüsenhaare, Blütenstiele, Kelch, Blumenkrone
P. bakeriana	SCHNEPF 1960	Drüsenzellen
P. grandiflora	DOULAT 1947	Winterknospen

P. longiflora var. *Reichenbachiana*	DOULAT 1947	Winterknospen
P. vulgaris	KLEIN 1880 a, b, 1882 a, RUSSOW 1881, CONARD 1941, DOULAT 1947, KENDA, THALER und WEBER 1951	Blatt, Drüsenhaare
Utricularia vulgaris	KLEIN 1880 b, 1882 a, RUSSOW 1881, KENDA, THALER und WEBER 1951. WLADARSCH 1963	Blatt, Kelchblatt, Borsten- und „Blasenhaare", Blumenkrone, Blütenstiele
Gesneriaceae		
Aeschynanthus sp.	RAUNKIAER 1887	Blatt
Gloxinia hybrida	ZIMMERMANN 1893	Blatt
Saintpaulia ionantha	KENDA, THALER und WEBER 1956	Drüsenhaare
Bignoniaceae		
Bignonia floribunda	ZIMMERMANN 1893	Blatt
Catalpa syringaefolia	ZIMMERMANN 1893	Blatt
Tecoma jasminoides	ZIMMERMANN 1893	Blatt
Verbenaceae		
Clerodendron Thompsoni	ZIMMERMANN 1893	Blatt
Verbena officinalis	ZIMMERMANN 1893	in der Umgebung der größeren Gefäßbündel
Menyanthaceae		
Limnanthemum nymphaeoides	ZIMMERMANN 1893	Blatt
Menyanthes trifoliata	ZIMMERMANN 1893	Blatt
Oleaceae		
Forsythia suspensa	STOCK 1892, ZIMMERMANN 1893	Blatt
F. viridissima	STOCK 1892	Deckschuppen
Fraxinus excelsior	SCHAAR 1890, STOCK 1892, ZIMMERMANN 1893. ZWEIGELT 1917	Knospenschuppen, unreife Frucht, *Prociphilus*-Galle
F. pensylvanica	ZIMMERMANN 1893	Blatt
Jasminum azoricum	ZIMMERMANN 1893	Blatt
J. Wallichianum	ZIMMERMANN 1893	Blatt, Kelch, Fruchtblätter, Placenta
Ligustrum vulgare	STOCK 1892, ZIMMERMANN 1893	Blatt, Knospenschuppen
Syringa persica	RUSSOW 1899	Knospenschuppen, Fruchtknoten
S. vulgaris	STOCK 1892, ZIMMERMANN 1893	Blatt
Visiana paniculata	ZIMMERMANN 1893	Blatt
Campanulaceae		
Campanula caespitosa	REITER 1956 b	Blatt, Fruchtknotenwand
C. carpatica	REITER 1956 b	Blatt, Fruchtknotenwand
C. Formanekiana	REITER 1956 b	Blatt, Fruchtknotenwand

C. glomerata	KENDA, THALER und WEBER 1951	Blatt, auch Kerne der Schließzellen besitzen Eiweißspindeln
C. gummifera	ZIMMERMANN 1893	Fruchtknotenwand
C. Kemulariae	REITER 1956 b	Blatt, Fruchtknotenwand
C. lactiflora	REITER 1956 b	Blatt, Fruchtknotenwand
C. lamifolia	ZIMMERMANN 1893	Fruchtknotenwand
C. lanata	REITER 1956 b	Blatt, Fruchtknotenwand
C. latifolia	REITER 1956 b	Blatt, Fruchtknotenwand
C. longistyla	REITER 1956 b	Blatt, Fruchtknotenwand
C. Medium	KENDA, THALER und WEBER 1951	Kelchblätter, auch in den Schließzellen
C. persicifolia	ZIMMERMANN 1893	Blatt, Fruchtknotenwand
C. Portenschlagiana	REITER 1956 b	Blatt, Fruchtknotenwand
C. punctata	REITER 1956 b	Blatt, Fruchtknotenwand
C. Raddeana	REITER 1956 b	Blatt, Fruchtknotenwand
C. rotundifolia	REITER 1956 b	Blatt, Fruchtknotenwand
C. Scheuchzeri	REITER 1956 b	Blatt, Fruchtknotenwand
C. thyrsoidea	DUFOUR 1886, KENDA, THALER und WEBER 1951	Blatt, auch in den Schließzellen
C. Tommasiniana	REITER 1956 d	Blatt, Fruchtknotenwand
C. Trachelium	VOGL 1866, SCHENCK 1884, ZIMMERMANN 1893, MEYER 1920	in allen Organen
C. Waldsteiniana	REITER 1956 d	Blatt, Fruchtknotenwand
Phyteuma orbiculare	ZIMMERMANN 1893	Fruchtknotenwand
Ph. spicatum	ZIMMERMANN 1893	Fruchtknotenwand
Stylidiaceae		
Stylidium adnatum	RAUNKIAER 1887, ZIMMERMANN 1893	Blatt, Kelch, Fruchtknoten
Compositae		
Dahlia variabilis	WEBER 1926	Schließzellen der Blätter

Monocotyledones		
Liliaceae		
Agapanthus umbellatus	SOLLA 1920, WLADARSCH 1963	Blatt, Perigon
A. minor	WLADARSCH 1963	Perigon
A. orientalis	WLADARSCH 1963	Perigon
Albuca altissima	RACIBORSKI 1893, 1897	Blatt, Zwiebel, Blüte
A. fastigiata	SOLLA 1920, WEBER 1956 a	Blatt, Perigon, in den Schließzellen selten
A. Nelsoni	SOLLA 1920	in allen Organen vorhanden, fehlen den Blütenstielen und Schließzellen
Allium Porrum	SOLLA 1920	Blatt
Chlorophytum comosum	SOLLA 1920	Blatt
Galtonia candicans	LEITGEB 1888, DIGBY 1910, KIEHN 1917, KENDA, THALER und WEBER 1951, WLADARSCH 1963	in allen Organen, mit Ausnahme des Embryos
Ornithogalum caudatum	RACIBORSKI 1893, STRASBURGER 1913, WÓYCICKI 1929	Blatt, Infloreszenzachse, Blüte
O. Eckloni	RACIBORSKI 1893	
O. juncifolium	RACIBORSKI 1893	
Urginea maritima	KLIENEBERGER 1918	Blatt, Zwiebel
Amaryllidaceae		
Nerine curvifolia	MOLISCH 1901	Schleimsaftzellen
Musaceae		
Musa Ensete	MOLISCH 1899, 1901	in den „Blasenkernen" der Schleimsaftzellen
M. Chinensis	MOLISCH 1899, 1901	in den „Blasenkernen" der Schleimsaftzellen
Orchidaceae		
Neottia nidus-avis	MAGNUS 1900	Wurzel
Araceae		
Philodendron cannaefolium	MOLISCH 1899	„Blasenkerne"

In 15 Gattungen der Pteridophyten wurden bisher Eiweißkristalle im Kern nachgewiesen. Sie treten hauptsächlich in Blättern und Blattstielen, in der Rhizomspitze von *Polypodium vacillans,* in den Indusien von *Pteris serrulata* und in der Wand der Sporokarpien von *Salvinia natans* auf. Die Kristalle konnten auch außerhalb des Kernes im Cytoplasma beobachtet werden, so z. B. bei *Asplenium alatum* und bei *Blechnum brasiliense. Asophila australis, Aspidium lucidum, Aspidium falcatum* (ZIMMERMANN 1893) und *Polystichum falcatum* (POIRAULT 1893) führen die Kristalle nur im Cytoplasma.

Die Kernkristalle kommen bei einigen Gattungen der Pteridophyten, z. B. *Polypodium*, in einer derartigen Regelmäßigkeit vor, daß man von einem Gattungsmerkmal sprechen kann. KRAUS (1872) und ZIMMERMANN (1893) stellten jedoch fest, daß die Kristalle in äußerlich gleich aussehenden Blättern von *Polypodium ireoides* nicht immer zu finden sind. Es müßte erst untersucht werden, ob es sich hier um einen ungleichen Abbau der Kristalle oder um ein Krankheitsmerkmal handelt. Kernkristalle wurden bei den Gymnospermen im Kern der Markstrahlzellen von *Pinus silvestris* und im Mark von *Larix* gefunden, bei den Angiospermen kommen sie in allen Geweben, mit Ausnahme der Urmeristeme, vor. Am klarsten sind sie in der Blütenregion (Blütenstiele, Kelchblätter und Fruchtknotenwand) ausgebildet. Das Vorhandensein von Eiweißkristallen bei *Alectorolophus* (= *Rhinanthus*), *Campanula, Pirola, Pedicularis, Pinguicula* und *Utricularia* stellt wiederum ein Gattungsmerkmal dar, ähnlich wie die Calziumoxalatkristalle z. B. für Crassulaceen. Anders verhalten sich Cactaceen und Solanaceen, wo die Kernkristalle nur dann vorkommen, wenn die Pflanze von einem Virus befallen ist.

4. Durch Virus bedingte Einschlußkörper

Seit ungefähr 20 Jahren weiß man, daß Proteineinschlußkörper durch Virusinfektion nicht nur im Cytoplasma, sondern auch im Kern — wenn auch hier viel seltener — entstehen können. "This type of inclusions seems to be very rare in the virus diseases of plants" (SMITH 1958, S. 3). Als erster berichtete KASSANIS (1939) über ein Auftreten von plattenförmigen Eiweißkristallen in den Kernen einiger Solanaceen (*Datura stramonium, Hyoscyamus niger, Nicotiana glutinosa, N. sylvestris* und *N. tabacum*), die mit dem Tobacco-severe-etch-Virus (Ätzmosaikvirus) infiziert wurden. Diese Einschlüsse finden sich nur in solchen Bezirken der Organe, die äußerliche Krankheitssymptome zeigen. Mit Ausnahme der Meristeme können die Kristalle in allen Geweben auftreten, auch im Endosperm und sogar in den Schließzellen, die in der Regel von Eiweißkristallen frei sind.

Die Anzahl der Kristalle im Kern ist oft recht beträchtlich, so können mitunter bis zu 30 in einem Kern gezählt werden. Ihre Länge beträgt 3—10 μ. In Einzahl kommen die Kristalle in Kernen der mit Tobacco-mild-etch-Virus infizierten Tabakpflanzen vor (BAWDEN und KASSANIS 1941).

Eine bemerkenswerte Beobachtung stammt von MCWHORTER (1941): In Leguminosen, die mit Pisum-Virus 2 und Phaseolus-Virus 2 infiziert worden waren, liegen die Kristalle nicht neben, sondern in den Nukleolen. Ihre Zahl schwankt zwischen eins und fünf. Auch die Nukleolen der Schließzellen besitzen diese Einschlüsse.

WOODS und ECK (1948) beobachteten nach einer Infektion mit einem Stamm des Tabakmosaikvirus 1 C in *Capsicum annuum, Lycopersicum esculentum, Nicotiana paniculata* und *N. tabacum* das Auftreten kristallartiger Einschlüsse im Cytoplasma und im Kern. Beide sind in ihrer Gestalt sehr ähnlich und geben die gleichen Reaktionen und Färbungen. Sie sind am häufigsten 10—20 Tage nach der Infektion zu finden und verschwinden dann wieder. In seltenen Fällen wurden auch ringförmige Einschlüsse im

Kern beobachtet. Ähnliche Gebilde, hervorgerufen durch Virusinfektion, wurden in der Epidermis von *Opuntia brasiliensis* von Miličić (1954) gefunden. Die Kristalle im Kern sind, wie die Abb. 43 zeigt, in ihrer Gestalt denen im Cytoplasma sehr ähnlich. Impft man ein wurzelechtes *Epiphyllum truncatum* mit dem Gewebesaft der kranken *Opuntia brasiliensis,* so treten vereinzelt in den Kernen der infizierten Pflanze ähnliche Eiweißspindeln auf. Bei viruskranken *Epiphyllum-* Pflanzen wurden bisher niemals Eiweißkristalle im Kern beobachtet. Miličić und Plavšić (1956) vermuten daher, daß die Zellkern-Eiweißspindeln nur unter dem Einfluß des spezifischen Gewebesaftes von *Opuntia brasiliensis* entstanden sind. Sie nehmen an, daß es sich hier um einen selteneren Virusstamm handelt, der auch die Spindeln im Kern verursacht. Auffallend ist das Auffasern der Spindeln im Kern.

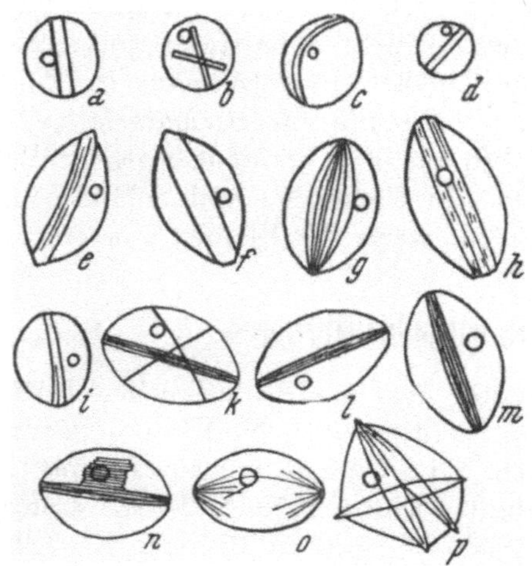

Abb. 43. *Opuntia brasiliensis.* Zellkerne der Epidermiszellen mit verschieden geformten Viruskörpern (Miličić 1954).

5. Das Entstehen und Auflösen der Kristalle

Tischler (1934, 169) stellte sich vor, daß die Kristalle in besonderen Kernvakuolen gebildet werden, „in denen die Eiweißlösung scharf von der umgebenden Karyolymphe abgeschieden liegt. Ob nur die letztere oder auch die Gerüstsubstanz bei der Abscheidung mitwirkt, ist nicht bekannt." Für „gesonderte osmotische Systeme" spricht die Beobachtung von Sperlich 1907, der bei *Alectorolophus* die Kristalle einzeln oder zahlreich in einer oder in mehreren Höhlen des Kernes, die immer durch ein Häutchen gegen den inneren Kernraum abgegrenzt sind, fand. Ein solches Häutchen, das die Kristalle umgibt, beobachtete schon Leitgeb (1888).

Auch die Kristalle der Kerne von *Polypodium ireoides* (Zimmermann 1893) und die von *Convolvulus* (Borzi 1894), *Pinguicula, Rhinanthus, Melampyrum, Pedicularis, Tozzia, Digitalis, Linaria, Scrophularia, Veronica* (Doulat 1946) entstehen im Innern von Vakuolen. Dagegen konnte Stock 1892 bei *Rivina* die Eiweißkristalle nicht in Vakuolen beobachten. Er fand sie stets unmittelbar in kristalliner Gestalt vor.

Russow (1899) nahm an, daß sich die Kristalle aus den Nukleolen bilden. Er vermutete ein Verschmelzen der Nukleolen und dann eine Kristallisation. Auch Digby (1910) glaubte, daß sich bei *Galtonia* die Nukleolen in Kristalle umbilden. Nábělek (1933) beobachtete in Kernen von *Pelargonium* unter dem Einfluß von *Agrobacterium tumefaciens,* dem Erreger der Crown gall, daß die Nukleolensubstanz sich in optisch isotope Kristalle verwandelt. Weitere Untersuchungen erscheinen hier notwendig.

Wie schon auf S. 44 erwähnt, gelangen die Kristalle während der Mitose ins Cytoplasma oder werden schon vor der Teilung aufgelöst. Bei *Salvinia auriculata* z. B. werden sie in der Metaphase in das Cytoplasma ausgestoßen. Ihre weitere Entwicklung konnte nicht beobachtet werden (LITARDIÈRE 1920).

ZIMMERMANN (1893) konnte das Verhalten der Kristalle bei der Kernteilung nur bei *Melampyrum arvense* (Fruchtknotenwand) studieren. Während der Teilung gelangen sie ins Cytoplasma, verschwinden hier bald wieder und werden erst in den beiden Tochterkernen von neuem gebildet. Zu einem ähnlichen Ergebnis kamen GAVAUDAN, POUSSEL und ARNAUD-LAMARDELLE (1957) und WLADARSCH (1963) bei *Galtonia candicans*. Während der Prophase oder Metaphase werden die Kristalle in das Cytoplasma ausgestoßen; sie konnten dort bis zur Querwandbildung beobachtet werden. In der Telophase werden neue Kristalle in den Kernen gebildet (Abb. 44).

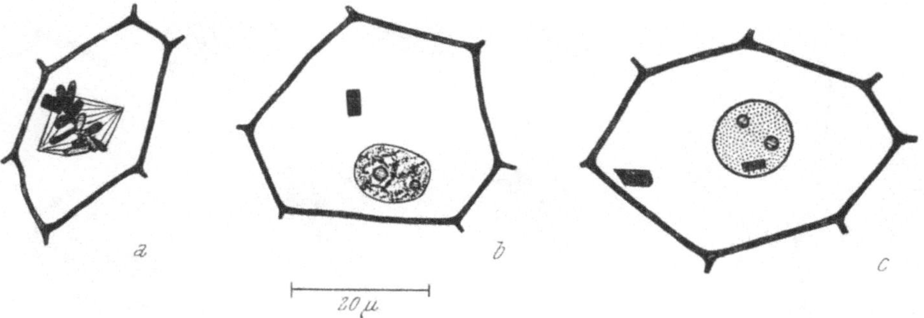

Abb. 44. *Galtonia candicans*. a. Metaphase. Kristall gelangt ins Cytoplasma. b. Telophase. Kein Kristall im Zellkern. c. Arbeitskern. Ein Kristall bildet sich wieder (WLADARSCH 1963).

Dagegen konnte SPERLICH (1907) in Kernteilungsstadien von *Alectorolophus* niemals Eiweißkristalle beobachten, auch nicht im Plasma der betreffenden Zellen. Er nimmt deshalb an, daß die Kristalle schon vor dem Teilungsprozeß aufgelöst werden. Nach der Teilung hat der Kern gleich wieder die Fähigkeit, Kristalle zu bilden. Weitere Untersuchungen an teilenden, kristallführenden Kernen wären erforderlich.

Daß die Kristalle unmittelbarer mit der Karyokinese zusammenhängen oder dabei verwertet werden, nimmt SPERLICH (1907) schon deshalb nicht an, weil die Kristalle keine konstanten Kerneinschlüsse und wie die Nukleolen bei einer lebhaften Kernteilung nicht sichtbar sind. Während der Metakinese ist kein Zusammenhang zwischen dem Kristall und dem Chromatin festzustellen.

Die Kernkristalle können auch in ruhenden Kernen aufgelöst werden. In den Perigonblättern von *Galtonia candicans* verschwinden sie nach dem Verblühen und in den Laubblättern erst vor dem Absterben (KIEHN 1917). WEBER (1956a, 479) beobachtete, daß die Kristalle in den Zellkernen der Epidermis der Blütenblätter von *Albuca fastigiata* im Knospenstadium vorhanden sind und in „der Zeit des Streckungswachstums der Zelle im Verlaufe des Öffnens der Blüte" verschwinden (Abb. 45). Ein faserartiges Aufsplittern der Kernkristalle von *Astragalus monspessulanus* erfolgte in alternden Zellen und nach vorhergehender Quellung in einer n/10 Jodlösung (WLADARSCH 1963); vgl. Abb. 46.

Eine auffallende Beziehung zwischen dem Vorkommen der Nukleolen und der Eiweißkristalle wurde schon oft beobachtet. Nach den Angaben von KIEHN (1917) fehlen in den Kernen des ruhenden Embryos von *Galtonia* die Eiweißkristalle vollständig, treten aber nach der Keimung in manchen Kernen auf; gleichzeitig werden die Nukleolen kleiner. In verschiedenen Geweben der Wurzel und des Blattes findet man Kerne, die große Eiweißkristalle enthalten, während aber die Nukleolen ganz fehlen oder doch viel kleiner sind als in den Kernen ohne Kristalle.

Die Eiweißkristalle in den Perigonblättern und der Fruchtknotenwand werden vor den Nukleolen aufgelöst. WEBER (1926) beobachtete eine tägliche Periodizität im Verschwinden und Wiederauftreten der Nukleolen in den

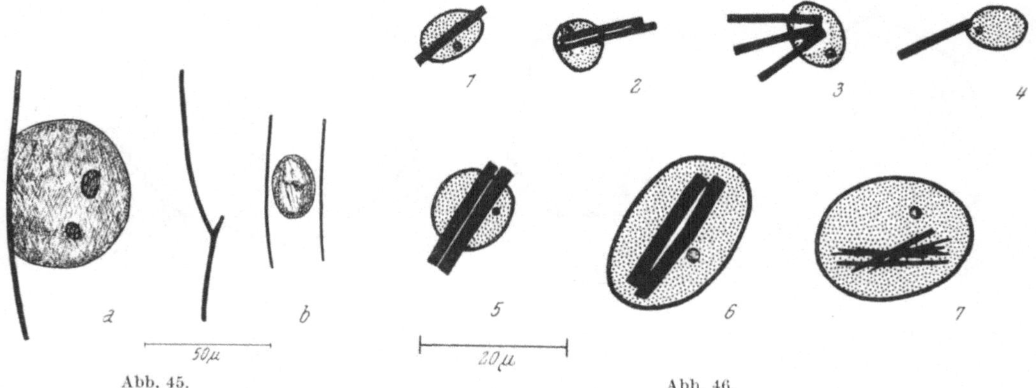

Abb. 45. Abb. 46.

Abb. 45. *Albuca*. Kerne der äußeren Perigonepidermis. a. Kern mit Nukleolen, aus einer Zelle einer entfalteten Blüte. b. Kern mit Kristallen aus einer Zelle einer Blütenknospe (WEBER 1956 a).

Abb. 46. *Astragalus monspessulanus*. Kerne aus der oberen Epidermis der Blättchen mit Nukleolen und Kristallstäben. 1. Kern mit ungespaltenem Kristallstab. 2, 3. Kerne mit austretenden, gespaltenen Kristallstäben. 4. Kristallstab liegt bereits im Cytoplasma. 5. Kern und Kristalle in n/10 Jodlösung schwach gequollen; Nukleolus unverändert. 6. Kern und Kristalle in n/10 Jodlösung stark gequollen; Nukleolus unverändert. 7. Kern in n/10 Jodlösung gequollen; Kristall aufgesplittert, Nukleolus unverändert (WLADARSCH 1963).

Schließzellen von *Dahlia variabilis*. Die Zellkerne der geöffneten Schließzellen hatten einen typischen Nukleolus oder die Kerne besaßen einen bis mehrere gerade oder gekrümmte nadelförmige Kristalle, die oft aus dem Kern herausragten. Niemals trat in einem Kern ein Nukleolus und ein Kristall gleichzeitig auf. Er vermutet, daß es sich hier um aktive Kernvorgänge handelt, die irgendwie mit der Funktion der Schließzellen zusammenhängen, schließt aber auch einen pathologischen Zustand nicht aus. In den Kernen des Embryos ungekeimter Samen von *Mirabilis jalapa* treten langgestreckte Kristalle auf (MARWINSKI 1930), die sich mit Hämatoxylin (nach Heidenhain) sehr deutlich färben und eine schwache Doppelbrechung zeigen; sie können sich kugelig ausbuchten; neben ihnen liegt oft ein Nukleolus. Bei Keimbeginn schwellen die Kristalle an und schnüren kugelige Nukleolen ab, die ihrerseits wieder kleine Körnchen abschnüren. Die Kristalle werden schließlich ganz aufgelöst.

WLADARSCH 1963 bestätigte das Vorkommen der großen Eiweißkristalle in den Kernen des Embryos von *Mirabilis Jalapa*, die bei der Keimung nur langsam aufgelöst werden, dabei aber keine Nukleolen abschnüren (Abb. 47).

In den Zellkernen der *Prociphilus nidificus* (*Pemphigus*) Galle auf *Fraxinus excelsior* hat Zweigelt (1917) Eiweißkristalle beobachtet. Sie hypertrophieren im gleichen Tempo wie die Kerne. Er stellte „eine gewisse Parallele in der Chromatinarmut und im Verschwinden der Proteinkristalle“ (Zweigelt 1917, S. 425) fest. Die Kerne degenerieren häufig. Die Kernmembran wird aufgelöst und der Inhalt gelangt ins Plasma.

Die Kristalle lösen sich entweder durch Abschmelzen von der Peripherie zur Mitte (Stock 1892) auf, oder aber die Innenmasse wird aufgelöst, so daß ein Hohlkörper zurückbleibt, der schließlich auch verschwindet, wie es Leitgeb (1888) bei *Galtonia* beobachtete. Durch Einwirken von verdünnter H_2SO_4 erhielt Wladarsch (1963) bei *Astragalus* das gleiche Bild. Oft zerfallen die Kristalle und lösen sich erst dann auf. Sind die Kerne durch die vielen darin

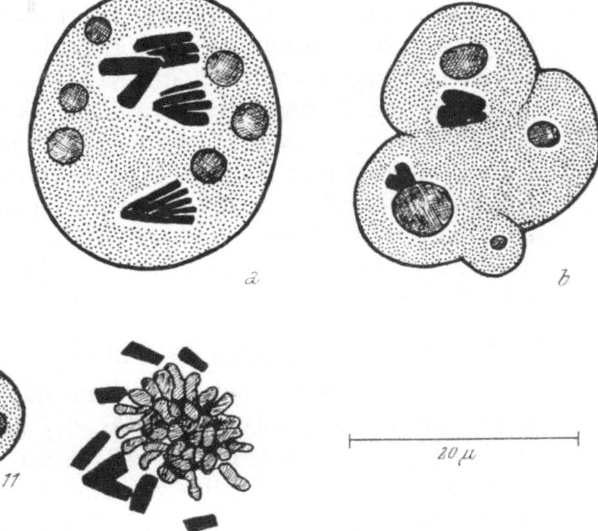

Abb. 47. *Mirabilis Jalapa*. 8. Kern aus gequollenem Embryogewebe mit zwei Nukleolen und einem Kristallstab. 9. Kern aus gequollenem Embryogewebe mit Giemsa gefärbt; zwei Nukleolen mit „Zebrastab“. 10, 11. Kerne aus dem Rindenparenchym einer jungen Wurzel (10. Kristallstab z. T. aufgelöst, 11. Kristallstab bereits ganz verschwunden) (Wladarsch 1963).

Abb. 48. *Galtonia candicans*. a, b. Colchizinierte Kerne der Blütenstandsachse. Zahl der Nukleolen und Kristalle hat bedeutend zugenommen. c. Ballmetaphase mit einer großen Zahl von Kristallen (Wladarsch 1963).

liegenden großen Kristalle zuerst stark vergrößert, so erhalten sie nach deren Verschwinden ihre normale Gestalt wieder. Colchizin-behandelte Kerne der Blütenstandachse von *Galtonia* sind bis auf das Vier-, oft auch bis auf das Sechsfache ihres ursprünglichen Volumens angewachsen. Die Zahl der Nukleolen und der Kristalle hat bedeutend zugenommen (Wladarsch 1963, Abb. 48). Es scheint, daß die Kristalle nicht aufgelöst werden. Auch Gavaudan, Poussel und Arnaud-Lamardelle (1957) beobachteten während der Colchizinmitose bei *Galtonia candicans* ein Vermehren und Vergrößern der Eiweißkristalle in Chromosomennähe. Einzelheiten oder Abbildungen fehlen dieser Arbeit.

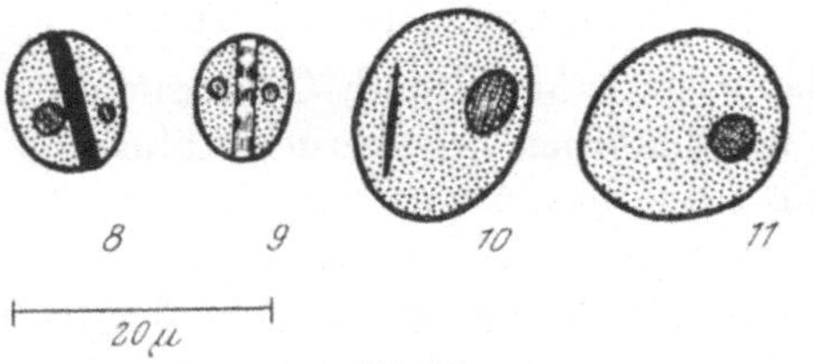

6. Eiweißkristalle in Nukleolen

Meist erscheinen die Nukleolen homogen. Manches Mal enthalten sie schon in lebenden Zellen Vakuolen, die vermutlich „aus der wasserreichen Substanz der Nukleolen durch Entmischung“ entstehen (Küster 1956, S. 193).

Sie treten dort auf, wo eine vermehrte sekretorische Tätigkeit stattfindet oder stellen vielleicht Degenerationsprodukte dar.

In diesen Vakuolen wurden öfter stark lichtbrechende kristalline Inhaltskörper beschrieben. So beobachtete SHEFFIELD (1927) Eiweißkristalle in den Nukleolen von *Oenothera*. (Über weitere Literatur vgl. TISCHLER 1934.) Da diese Gebilde meist am fixierten Material beobachtet wurden und auch an der Grenze der Sichtbarkeit liegen, fällt es schwer, über sie zu urteilen. WASIELEWSKI (1899) konnte experimentell nachweisen, daß es sich bei diesen Körpern meist um Artefakte handelt. So werden auch die Kristalle, die GATES und LATTER (1927) für die Nukleolen der Pollenmutterzellen angab, ferner jene, die von KRAMÁR (1901) in Mykorrhiza-infizierten Epidermiszellen gefunden wurden und auch die Kristalle, die LATTER (1926) für *Lathyrus* anführte, von TISCHLER (1934) als Artefakte aufgefaßt. McWHORTER (1941) hat allerdings in einigen Leguminosen, die mit Pisum-Virus 2 und Phaseolus-Virus 2 infiziert waren, neben den Cytoplasma-Eiweißkristallen auch in den Nukleolen der erkrankten Zellen ein oder auch mehrere Kristalle gefunden. Die Nukleolen nehmen durch die Kristalle eine kubische Gestalt an. Nach der Doppelfärbung mit Chlorazol Fast Pink B und Trypanblau (McWHORTER 1957) wurden die Kristalle leichter gefunden.

7. Die physiologische Bedeutung der Eiweißkristalle im Kern

Sie ist noch immer unbekannt und daher auch heute noch Gegenstand reger Diskussion. RADLKOFER (1859), der bei *Lathraea* die Kerneinschlüsse eingehend studiert hat, meint, daß sie nicht wie das Aleuron als Reservestoffe gelten können, weil ihre Substanz noch in verwesenden Zellen vorhanden ist. WAKKER (1888) nimmt an, daß die Kristallbildung im Kern eine Desorganisationserscheinung sei. Die meisten Autoren aber, wie LEITGEB (1888), STOCK (1892), ZIMMERMANN (1893), MEYER (1920), LINSBAUER (1930), GICKLHORN (1932), TISCHLER (1934) und WEBER (1936 a), halten die Zellkernkristalle für ergastische Gebilde, die als Reservesubstanz verwendet werden.

Für diese Ansicht spricht sehr viel. So kommen in gut ernährten Pflanzen die Kristalle immer dort vor, wo neue Organe angelegt werden; im Laufe der Entwicklung verschwinden die Einflüsse, dann wieder findet man sie in den Kernen des Endosperms von *Alectorolophus* und sie lösen sich beim Keimen gleichzeitig mit den Aleuronkörnern auf (SPERLICH 1907). Zu Beginn des Entfaltens der Winterknospen vieler Oleaceen verschwinden die Kernkristalle; STOCK (1892) bezeichnet sie daher als abgelagerte Nährstoffe, die wieder verwendet werden. Ebenso lösen sich die Zellkernkristalle in den von LEITGEB (1888) isoliert kultivierten Winterknospen von *Pinguicula* auf. GICKLHORN (1932) beschrieb eine Vermehrung der Kernkristalle in den Haarzellen von *Melampyrum nemorosum* während der Fruchtreife. Daraus schließt er, daß die Epidermis außer einer Schutz- auch eine ernährungsphysiologische Funktion besitzt. In alternden Zellen degenerierender Organe lösen sich die Kristalle auf. So verschwinden sie in den Perigonblättern von *Galtonia candicans* nach dem Verblühen (LEITGEB 1888) und auch in allen anderen Organen vor dem Absterben (KIEHN 1917). Die Abbaustoffe der Eiweißkristalle sollen, wie LEITGEB (1888) vermutet, nicht anderen Geweben zugeführt, sondern in der Zelle selbst verbraucht werden. Dies schließt er daraus, daß die Kristalle auch in unbefruchteten und in abgeschnittenen Blüten aufgelöst werden. Solla (1920) hält die Kernkristalle in den Epidermen nicht für ausgesprochene Reservestoffe; er stellt sie funktionell zwischen Exkrete und Reservestoffe. Nach seinen Angaben lösen sich die Kernkristalle in den Perigonblättern von *Albuca* im normalen Entwicklungsgang auf. Weber (1956 a) beobachtete dagegen, daß die Kristalle nicht erst nach dem Verblühen, sondern schon in der Zeit des stärksten Streckungswachstums verschwinden. Er hält diese Kristalle daher für Reservestoffe. Die proteinkristallfreien Kerne werden auffallend größer, so daß es scheint, als stünde das Auflösen der Kernkristalle mit der Zunahme der Kerngröße in Zusammenhang. Da im Streckungswachstum die Cytoplasmasubstanz nicht mehr zunimmt, könnte es sich wie in den Blüten von Cactaceen (Schumacher 1932) und von *Lilium croceum* (Combes 1935) um einen sehr früh verlaufenden Eiweißabbau und eine N-Abwanderung handeln.

Gegen die ausschließliche Reservestoffnatur der Eiweißkristalle spricht ihr Vorhandensein in den Kernen der Epidermiszellen auch noch nach einer langen Hungerperiode, das Erhaltenbleiben in abgeworfenen Knospenschuppen von *Fraxinus,* in dunkel gehaltenen Pflanzen, wie *Achyranthes, Rivina* und *Syringa* und das Auftreten der Kristalle in viruskranken Pflanzen (vgl. S. 55, 56). Es sind allerdings erst wenige Fälle bekannt, die eindeutig erweisen, daß die Kristalle im Kern als Folge einer Virusinfektion entstanden sind. Es wird angenommen, daß diese Einschlüsse zum Großteil aus kristallisiertem Viruseiweiß bestehen (Bawden 1950).

Die meisten Beobachtungen über intranukleare Eiweißkristalle gehen auf das Ende des vorigen Jahrhunderts zurück, also eine Zeit, in der von der Existenz von Virus-Einschlußkörpern im Kern noch nichts bekannt war. Es müßten nun auf Grund der heutigen Erkenntnisse alle Pflanzen mit Eiweißkristallen im Kern daraufhin untersucht werden, um sicher sagen zu können, ob es sich bei dem Vorkommen solcher Kristalle um ein Artmerkmal oder vielleicht um nur in viruskranken Pflanzen vorkommende Einschlußkörper handelt, die in gesunden Pflanzen nicht vorhanden sind. Weber, Kenda und Thaler (1952 b, 284) haben den Vorschlag gemacht, „jede Spezies, von der bisher Eiweißkristalloide im Cytoplasma oder Zellkern bekannt sind (...), daraufhin zu prüfen, ob sie nicht doch als gesunder Virusträger in Betracht kommt". Sie untersuchten daraufhin *Lathraea squamaria* (Weber und Thaler 1952) in der Annahme, es könnte sich um einen latenten Virusträger handeln, wie dies bei den Kakteen, die Kristalle im Cytoplasma besitzen, der Fall ist. Bawden (1950) hält es für möglich, daß nukleoproteidreiche Zellbestandteile in Wirtszellen als ein sich vermehrendes Virus wirken. Für *Lathraea* gilt dies nicht. Der Wurzelparasit bildet immer Eiweißkristalle, gleichgültig ob er auf einem Laub- oder Nadelholz schmarotzt. Die aus der Wurzel des Wirtes entnommenen Stoffe haben auf das Entstehen der intranuklearen Einschlüsse anscheinend keinen Einfluß.

Aber nicht nur bei viruskranken Pflanzen findet man im Kern Eiweißkristalle, die sonst fehlen, sondern auch Pflanzen, die von zellulären Parasiten befallen werden, zeigen oft veränderte Kerne und manches Mal auch

Kristalle. So wird von NÁBĚLEK (1933) angegeben, daß *Pelargonium* nach Befall durch *Agrobacterium tumefaciens* Kristalle im Kern bildet. Auf Grund der Virustheorie der Crowngall-Bildung, nach der Bakteriophagen des *Agrobacteriums* das tumorinduzierende Prinzip darstellen, ließe sich das erklären.

Es sind also wohl mehrere physiologische Typen von Kernkristallen möglich:

1. Kristalle, die im normalen Stoffwechsel auf- und abgebaut werden und daher als Reservestoffe aufzufassen sind.
2. Kristalle, deren Auftreten mit einer Viruskrankheit im Zusammenhang steht und die vermutlich aus kristallisierten Viren bestehen.
3. Kristalle, die unter dem Einfluß von Parasiten entstehen und wohl als Degenerationserscheinung aufzufassen sind.
4. Kristalle, die in abgefallenen Organen noch zu finden sind, die also nicht verwertet werden; SOLLA (1920) bezeichnet sie als Exkrete.

III. Eiweißkristalle in Plastiden

MOLISCH (1901) prägte für Plastiden, die Eiweiß bilden — gleichgültig ob amorphes oder kristallines —, den Ausdruck Proteinoplasten. Sie sind nur in einigen Familien, den Ranunculaceen, Boraginaceen und den Orchidaceen allgemeiner verbreitet, sonst finden sie sich nur in einzelnen Arten (SCHIMPER 1883, 1885, ZACHARIAS 1883, ZIMMERMANN 1893, vgl. Liste!). Die Proteinoplasten können in allen Organen vorkommen, meist sind sie aber auf bestimmte, z. T. sogar nur auf einzelne Gewebe beschränkt. Die Eiweißeinschlüsse „bevorzugen überhaupt Chromatophoren, die sich in einem anscheinend inaktiven Zustand befinden, d. h. weder assimilieren noch Stärke erzeugen" (SCHIMPER 1885, S. 67). So findet man sie im Gefäßbündelparenchym und vereinzelt im Assimilationsgewebe des Blattes, meist aber nur in der Epidermis (*Ranunculaceae*). Bekanntlich besteht ja in der assimilatorischen Leistung der Plastiden der Schließzellen und der der anderen Epidermiszellen ein ausgeprägter Unterschied. In den meisten Fällen bilden nur die Chloroplasten der Schließzellen Stärke, Eiweißeinschlüsse werden nicht ausgebildet. Eine Ausnahme macht lediglich *Bletia hyacinthina*, die in seltenen Fällen solche enthält (ZIMMERMANN 1893).

Die Kristalle sind schwach doppelbrechend, liegen im Stroma oder ragen daraus hervor, oft sitzen sie äußerlich dem Plastid an. Ihre Gestalt ist isodiametrisch, prismatisch, tafel-, stab- oder spindelförmig (vgl. Abb. in SCHIMPER 1885). Sie zwingen häufig den Plastiden eine langgestreckte Form auf, wie dies z. B. bei *Cerinthe* der Fall ist (Abb. 49).

Zum erstenmal hat GRIS (1857) Einschlüsse in Plastiden abgebildet. MEYER (1883) stellte ihre Eiweißnatur fest. Eingehend untersuchte sie SCHIMPER (1885), der auch erstmals die Namen der Pflanzen mit kristallführenden Plastiden zusammenstellte. EBERDT (1891) bezeichnete die Spindeln von *Phajus* als „Stärkegrundsubstanz" und das Stroma als eine zum Plasma gehörende Plasmakappe. Auf die irrtümlichen alten Angaben soll hier nicht näher eingegangen werden.

Zu den größten und schönsten Eiweißkristallen gehören die von SCHIMPER (1880) und MEYER (1883) beschriebenen von *Phajus grandifolius*. Ihre Form ist entweder stabförmig abgerundet oder, wie in der Wurzel, zugespitzt; in der Größe variieren sie sehr stark. Die Hauptmasse des Leukoplasten sitzt dem Kristall seitlich an. Wenn sich die Leukoplasten zu Chloroplasten umwandeln, löst sich die Stärke auf, während der Kristall unverändert bleibt. Elektronenmikroskopisch untersuchte BUVAT (1959) die Plastiden von *Phajus wallichii*. In jungen Zellen, die noch mehrere Vakuolen besitzen, sieht man in der Grundsubstanz der Proteinoplasten einen sehr

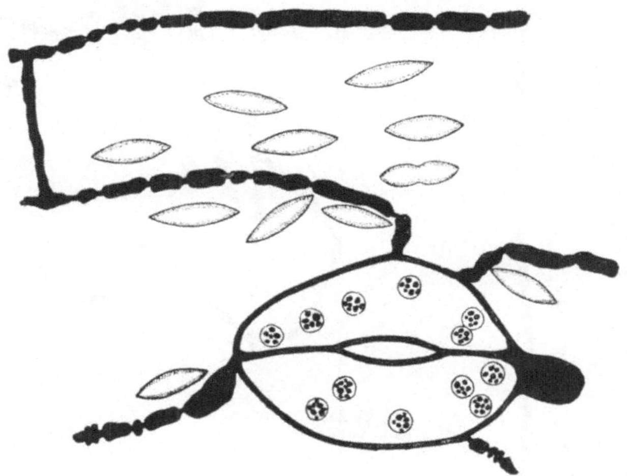

Abb. 49. *Cerinthe minor*. Eiweißkristalle in den Chloroplasten der Epidermiszellen des Sprosses. Chloroplasten der Schließzellen mit Stärke (THALER 1956 a).

kleinen fibrillären Einschluß. Die Fibrillen vermehren sich und nehmen dann den größten Teil der Proteinoplasten ein. In den alten Zellen fasern sich die fibrillären Bündel auf und scheinen sich schließlich ganz in einer hellen Substanz aufzusaugen. Ein Kristalldimorphismus kommt im Rhizom von *Canna Warszewiczii* vor (SCHIMPER 1885). Oktaeder, seltener Würfel, liegen neben Nadeln in demselben Leukoplasten.

In den Blumenkronblättern von *Ranunculus Steveni* entstehen die stabförmigen Eiweißkristalle in den stärkefreien Chromoplasten. Bevor die Knospe ihre endgültige Größe erreicht hat, werden die Kristalle aufgelöst. In den Chromoplasten können auch Eiweißkristalle neben Farbstoffkristallen vorkommen, wie z. B. bei *Neottia nidus-avis* und in den Früchten von *Lonicera xylosteum* (SCHIMPER 1885).

KNOBLAUCH-REITER (1963) sah amorphe kugelförmige Eiweißkörper bereits in meristematischen Zellen von *Ranunculus bulbosus*. Im Dauergewebe sind nur mehr Plastiden mit Spindeln zu beobachten, deren Länge oft das Drei- bis Vierfache des Plastidendurchmessers beträgt (Abb. 50). Es wird vermutet, daß sich die kristallinen Spindeln aus den amorphen Körpern entwickeln. In allen Ranunculaceen verschwinden die Einschlußkörper, sobald sich die Chloroplasten zu Chromoplasten umwandeln.

Über die Rolle der kristallisierten Eiweißkörper in Plastiden ist nur wenig bekannt. SCHIMPER (1885) hielt das Eiweiß für einen Reservestoff, der sich wenig vom aktiven unterscheidet. KNOBLAUCH-REITER (1963) glaubt

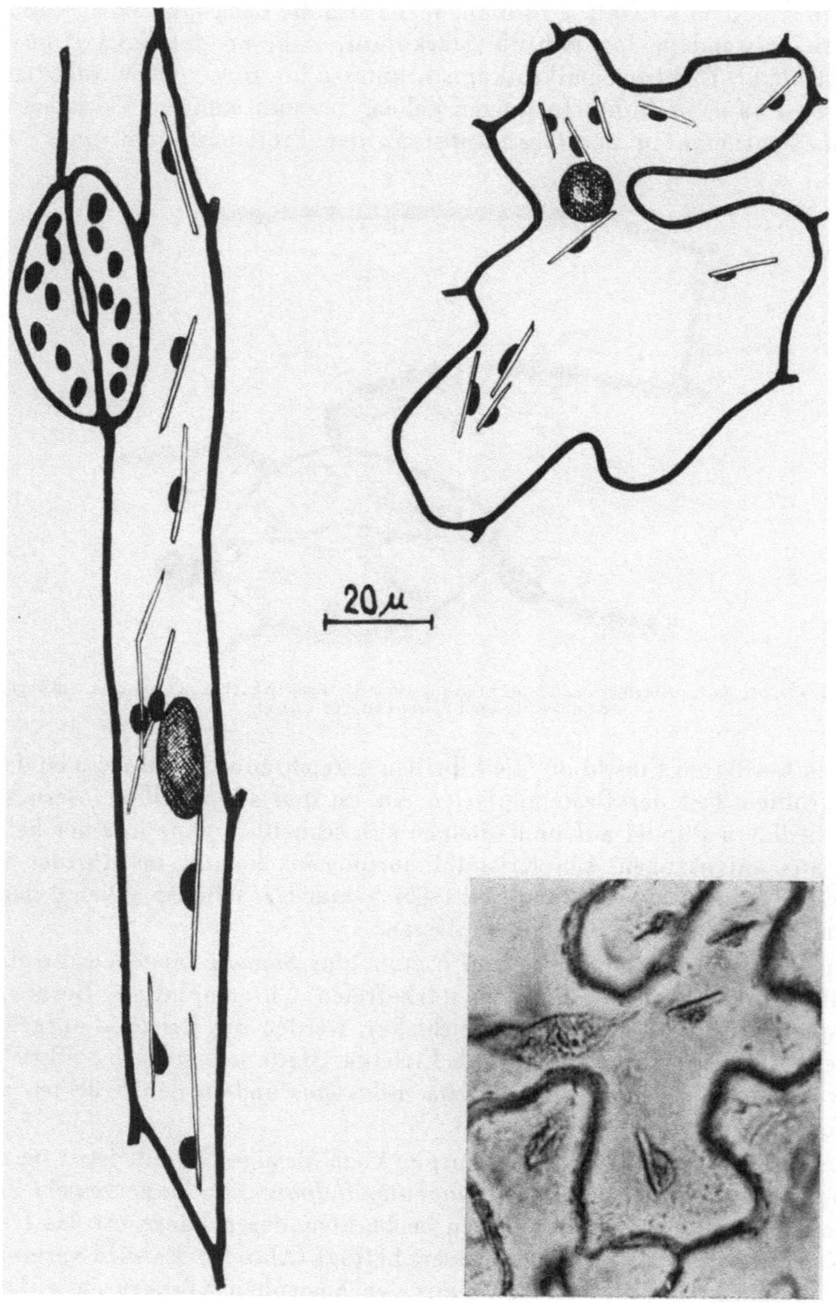

Abb. 50. *Ranunculus bulbosus*. Proteinoplasten. l. Blütenstielepidermis mit stab- bis spindelförmigen Einschlüssen in den Chloroplasten; in den Schließzellen fehlen sie. r. oben, r. unten Blattepidermis mit stäbchenförmigen Einschlüssen (KNOBLAUCH-REITER 1963).

bezüglich der Einschlüsse der Ranunculaceen an Artmerkmale, u. zw. aus folgenden Gründen:

1. Pflanzen mit Eiweißkristallen in Plastiden enthalten diese regelmäßig und unabhängig vom Fundort.
2. Auch aus Samen gezogene Exemplare bilden Spindeln.
3. Die Kristalle geben keine Ribonukleasereaktion.

Die Kristalle in den Plastiden der Ranunculaceen können demnach nicht als Viruseinschlußkörper angesehen werden.

Es bleibt aber die Frage offen, ob es allgemein gilt, daß Eiweißkristalle in Plastiden Produkte des normalen Stoffwechsels sind oder ob nicht doch ein Zusammenhang mit einer Virose bestehen kann. So wurden in *Phajus grandifolius* neben den Spindeln in den Plastiden auch Viruseinschlüsse im Cytoplasma beobachtet (THALER 1961). Es müßte erst festgestellt werden, ob es *Phajus*-Pflanzen gibt, deren Plastiden keine Eiweißkristalle enthalten. Außerdem ist es nicht bekannt, ob in den Kristallen Ribonukleinsäure vorkommt.

Bekanntlich treten bei vielen viruskranken Pflanzen Chloroplastenschäden auf (Literatur bei COOK 1947). So wird bei *Nicotiana* und *Nepeta* eine starke Vakuolisation der Plastiden und eine Veränderung der Grana angegeben, die durch verschiedene Stämme des Tabakmosaikvirus hervorgerufen werden (WOODS und DUBUY 1951). Viele Forscher schreiben diesen Chloroplastenschäden sekundäre Natur zu (RESÜHR 1942, ESAU 1944, 1948, WEHRMEYER 1960 b).

Dies ist umsomehr berechtigt, da es bis heute in keinem Fall gelungen ist, eine Virusproduktion in den Chloroplasten festzustellen. LEYON (1953) untersuchte einerseits Chloroplastenfraktionen aus gesundem Gewebe, dem er eine gereinigte Viruslösung zusetzte, andererseits untersuchte er Chloroplastenfraktionen aus virushaltigem Gewebe. Die elektronenmikroskopischen Aufnahmen glichen sich so stark, daß dadurch ein sekundäres Anlagern der Viruspartikeln bewiesen ist (vgl. hiezu KAUSCHE und RUSKA 1940). Auch WEHRMEYER (1960 b) kommt auf Grund seiner elektronenmikroskopischen Untersuchungen zu dem Ergebnis, daß es keine eindeutigen Hinweise für einen näheren Zusammenhang des Virus mit den Chloroplasten in der Zelle gibt. „Räumliche Koexistenz von Virus und Chloroplasten im Cytoplasma ist licht- und elektronenmikroskopisch erwiesen" (WEHRMEYER 1960 b, S. 250, 251).

Stärker lichtbrechende kugelige Körper aus amorphem Eiweiß fand ZIMMERMANN (1893) in den Leukoplasten einiger *Tradescantia-Arten.* Er nannte sie Leukosomen. Für *Cypripedium barbatum* beschreibt er ähnliche in der Epidermis gelegene Körper.

Proteinoplasten fand PY (1929) in den Antheren von *Helleborus,* große, kugelförmige Proteinoplasten THALER (1953) in den Epidermiszellen (mit Ausnahme der Schließzellen) der Laubblätter von *Helleborus corsicus.* Im meristematischen Gewebe bilden diese Leukoplasten Stärke. Diese wird bald abgebaut und es entsteht Eiweiß (HÄRTEL und THALER 1953). Auch in den Epidermiszellen der Früchte von *Helleborus foetidus, H. niger* und *H. olym-*

picus sowie in der Fruchtwandepidermis einiger *Allium*-Arten (*A. karataviense* und *A. Ostrowskianum*) enthalten die Leukoplasten Eiweiß (THALER 1955 b). Im Milchsaft von *Cecropia peltata* fand MOLISCH (1901) Proteinoplasten. SCHLICHTINGER (1956) beobachtete körnchenartige Einschlüsse von vermutlich eiweißartiger Natur in den Chloroplasten von *Gibbaeum heathii.*

Reich an amorphem Eiweiß sind die Pyrenoide, verformbare rundliche, oft auch kantige Gebilde, die in den Chromatophoren der Algen weit verbreitet sind; sie stellen Zentren der Stärke- und Fettbildung dar. Da das Eiweiß in ihnen nie kristallisiert vorliegt, sollen sie in diesem Zusammenhang nicht näher erörtert werden. Es sei auf die zusammenfassenden Darstellungen bei GEITLER (1926 a, b), PASCHER (1927), CHADEFAUD (1941) und KÜSTER (1956) verwiesen.

In folgenden Sippen finden sich Eiweißkristalle in Plastiden:

a) Leukoplasten

Amarantaceae		
Achyranthes Verschaffeltii	ZIMMERMANN 1893	
Caryophyllaceae		
Lychnis dioica	SCHIMPER 1885	Endosperm
Boraginaceae		
	SCHIMPER 1885, Aufzählung fehlt!	verbreitet in Sproß und Blatt
Scrophulariaceae		
Lathraea Squamaria	HEINRICHER 1900	
Cucurbitaceae		
Momordica foetida	ZIMMERMANN 1922	Haare des Blattes und Sprosses
Liliaceae		
Bulbocodium vernum	SCHIMPER 1885	Blüte, Parenchym
Colchicum autumnale	SCHIMPER 1885	Blattepidermis
Yucca filamentosa	SCHIMPER 1885	Blattepidermis
Zingiberaceae		
Curcuma Zedoaria	SCHIMPER 1885	Rhizom
Zingiber officinale	SCHIMPER 1885	Rhizom
Cannaceae		
Canna discolor	SCHIMPER 1880	Rhizom, Rindenzellen
C. gigantea	SCHIMPER 1880	Rhizom, Rindenzellen
Orchidaceae		
Cypripedium spectabile	SCHIMPER 1880, 1885	Blattepidermis
Epipactis palustris	SCHIMPER 1880, 1885	Blattepidermis
Goodyera pubescens	SCHIMPER 1880, 1885	Blattepidermis
Lycaste sp.	SCHIMPER 1880, 1885	Blütenstiel, Perigon
Neottia nidus-avis	SCHIMPER 1880, 1885	Sproß und Blüte
Orchis maculata	SCHIMPER 1880, 1885	Blattepidermis

Phajus grandifolius	SCHIMPER 1880, 1885	Wurzel, Knolle, Blattepidermis
Phajus wallichii	BUVAT 1959	Wurzel
Paphiopedilum barbatum	SCHIMPER 1880, 1885	Gefäßbündelparenchym
P. insigne	SCHIMPER 1880, 1885	Gefäßbündelparenchym, Blattepidermis

b) Chloroplasten

Urticaceae		
Pellionia Daveauana	BINZ 1892	nicht in allen Chloroplasten, Sproß
Amarantaceae		
Achyranthes Verschaffeltii	ZIMMERMANN 1893	Assimilationsgewebe
Aërva sanguisorba	ZIMMERMANN 1893	Schwammparenchym
Mogiphanes brasiliensis	ZIMMERMANN 1893	Epidermis der Blattunterseite
Caryophyllaceae		
Viscaria vulgaris	ZIMMERMANN 1893	Assimilationsgewebe
Ranunculaceae		
Aconitum Napellus	KNOBLAUCH-REITER 1963	Blatt, Blütenblattepidermis
A. ranunculifolium	KNOBLAUCH-REITER 1963	Blattepidermis
Anemone georgica	KNOBLAUCH-REITER 1963	Blattepidermis
Ranunculus amplexicaulis	KNOBLAUCH-REITER 1963	Blatt- und Blütenstielepidermis
R. bulbosus	KNOBLAUCH-REITER 1963	Blatt-, Blütenstiel- und Kronblattepidermis
R. calandrinoides	KNOBLAUCH-REITER 1963	Blatt- und Kronblattepidermis
R. montanus	KNOBLAUCH-REITER 1963	Blatt- und Blütenstielepidermis
R. sceleratus	KNOBLAUCH-REITER 1963	Blatt- und Kronblattepidermis
R. Steveni	KNOBLAUCH-REITER 1963	Blatt- und Kronblattepidermis
Berberidaceae		
Berberis vulgaris	ZIMMERMANN 1893	Palisaden- und Schwammparenchym
Aceraceae		
Acer platanoides	ZIMMERMANN 1893	Palisadenparenchym
Araliaceae		
Aralia Sieboldi	ZIMMERMANN 1893	Blatt- und Blattstielepidermis

Convolvulaceae		
Convolvulus tricolor	ZIMMERMANN 1893	Assimilationsgewebe
Boraginaceae		
Alle untersuchten Gattungen	SCHIMPER 1885, Aufzählung fehlt!	
Cerinthe glabra	SCHIMPER 1885	Sproß, Blatt
C. minor	THALER 1956 a	Sproßepidermis
Zingiberaceae		
Curcuma Zedoaria	SCHIMPER 1885	Rhizom
Zingiber officinale	SCHIMPER 1885	Rhizom
Cannaceae		
Canna	SCHIMPER 1880, 1885	Rhizom
Orchidaceae		
Acropera Loddigesii	ZIMMERMANN 1893	Blattepidermis, Xylemparenchym
Bletia florida	ZIMMERMANN 1893	Gefäßbündelparenchym
B. hyacinthina	ZIMMERMANN 1893	Epidermis (auch innerhalb der Schließzellen in einzelnen Fällen) Gefäßbündelparenchym
Cephalanthera pallens	SCHIMPER 1885	Sproß
Goodyera pubescens	SCHIMPER 1885	Mesophyll
Gymnadenia conopea	ZIMMERMANN 1893	Gefäßbündelparenchym
Listera ovata	ZIMMERMANN 1893	Blatt, Gefäßbündelparenchym, Fruchtknoten
Lycaste aromatica	ZIMMERMANN 1893	Assimilationsgewebe vereinzelt
Paphiopedilum barbatum	ZIMMERMANN 1893	Gefäßbündelparenchym, Blütenstandsachse
P. venustum	ZIMMERMANN 1893	Gefäßbündelparenchym, Blatt
Phajus grandifolius	SCHIMPER 1885	Epidermis des Blattes

c) Chromoplasten

Ranunculaceae		
Ranunculus Steveni	SCHIMPER 1885	Blüte
Caprifoliaceae		
Lonicera tatarica	SCHIMPER 1885	Frucht
L. xylosteum	SCHIMPER 1885	Frucht
Compositae		
Chrysanthemum phoeniceum	SCHIMPER 1885	Blüte

Liliaceae		
Hemerocallis fulva	SCHIMPER 1885	Blüte
Musaceae		
Strelitzia Reginae	SCHIMPER 1885	Bracteen
Cannaceae		
Canna	SCHIMPER 1885	Blüte
Orchidaceae		
Lycaste aromatica	SCHIMPER 1885	Blütenstiel, Perigon
L. sp.	SCHIMPER 1885	Blütenstiel, Perigon
Maxillaria triangularis	SCHIMPER 1885	Epidermis und Subepidermis des Perigons
Neottia nidus-avis	SCHIMPER 1885	Sproß und Blüte
Araceae		
Arum italicum	SCHIMPER 1885	Fruchtepidermis

IV. Eiweißkristalle in Aleuronkörnern

Ausgesprochene Eiweißreservestoffe stellen die Aleuronkörner dar. Sie sind im Perisperm, Endosperm und Embryo vorzugsweise ölhaltiger reifer Samen zu finden und werden beim Wachstum der Keimlinge verbraucht. Bei den Leguminosen sind sie noch in den Cotyledonen vorhanden und liegen dort neben den Stärkekörnern. Meist sind sie in stärkehaltigen Samen auf gewisse Schichten beschränkt. Sie wurden von HARTIG (1855) entdeckt und von ihm (1856) zum ersten Mal bei *Ricinus* und anderen Pflanzen beschrieben; er nannte sie Aleuronkörner oder Klebermehl; HOLLE (1858) bezeichnete sie als Proteinkörner. Sie sind meist farblose, rundliche, ovale 1—60 μ große Gebilde. Da ihre Form wie die der Stärkekörner für ein und dieselbe Pflanze charakteristisch ist, wurden sie schon von TSCHIRCH (1889) diagnostisch verwertet. Meist sind die Körner in einer Zelle gleich groß, es können aber auch Aleuronkörner verschiedener Größe und Form in einer Zelle vorkommen.

Das einzelne Korn besteht aus einer amorphen eiweißartigen Grundsubstanz, in der dreierlei Einschlüsse vorkommen können; sie kommen aber nur selten gemeinsam vor, sondern vertreten sich häufig gegenseitig. Die Einschlußkörper sind

1. Globoide, aus amorphem Phytin, einem Ca-Mg-Salz der Inosithexaphosphorsäure,

2. Eiweißkristalle, die mit einer Haut umgeben sind und aus schwer löslichen und zuerst ausfallenden Globulinen bestehen und

3. Calciumoxalatkristalle, die nicht nur in der Grundsubstanz, sondern auch in den Globoiden liegen können. Das Korn ist von einer Membran umgeben, die PFEFFER (1872) zum Cytoplasma zählte; sie besteht auch aus Eiweiß, ist in verdünnten Alkalien und Säuren unlöslich, dehnt sich bei Wasserzutritt und kann von dem Kristall gesprengt werden.

Die Eiweißkristalle sind in Präparaten von Öl, Alkohol und Glycerin oft nicht sichtbar, weil sie in ihrem Lichtbrechungsvermögen mit der Grundmasse übereinstimmen. Mit wässriger Natriumphosphatlösung können sie gut sichtbar gemacht werden, weil die übrigen Bestandteile des Proteinkornes gelöst werden. Die Kristalle sind entweder in die Grundmasse eingebettet (*Ricinus, Bertholletia*) oder sie machen die Gesamtmasse der Eiweißsubstanz des Proteinkornes aus, wie es bei den Myristicaceen der Fall ist. Hier bestimmen sie dann die Form des Kornes. Sie treten meist einzeln wie bei *Aethusa* und *Linum* auf, bei *Bertholletia, Ricinus, Datura, Adonis, Myrica* findet man sie zu mehreren. Der mittlere Durchmesser der größten Kristalle beträgt 60 μ, der der kleinsten 4 μ (vgl. Tschirch 1889). Sie sind schwach doppelbrechend und geben wie die Grundmasse die Eiweißreaktionen (vgl. S. 72, 73). Eine genaue Kristallbestimung ist auch hier wegen der Kleinheit der Gebilde nicht möglich. Schimper (1878) ordnet sie teils ins reguläre, teils ins hexagonale Kristallsystem ein.

Die Bildungsweise der Aleuronkörner ist trotz der vielen Untersuchungen, vor allem wohl wegen der methodischen Schwierigkeiten, noch nicht geklärt. Nach Ansicht der alten Cytologen Gris (1864), Pfeffer (1872), Wakker (1888) und Werminski (1888) entstehen die Proteinkörner durch Eintrocknen eiweißhaltiger Vakuolen. Dangeard (1921), Guilliermond (1930) und Küster (1956) sind derselben Ansicht, die auch heute in den Lehrbüchern von Guttenberg (1956), Strasburger (1962) und Troll (1959) als feststehende Tatsache gelehrt wird. Dangeard (1921) studierte bei *Ricinus* die Rückverwandlung der Aleuronkörner in Vakuolen. Leuthold (1933), der die Aleuronkörner der *Telfairia* pedata untersuchte, nimmt ebenfalls an, daß sie dem Vakuolensystem angehören.

Mottier (1921), Vouk (1925), Arnold (1927) und Urban (1933) vertreten dagegen den Standpunkt, daß die Aleuronkörner nicht im Zellsaft, sondern im Cytoplasma oder in den Plastiden gebildet werden. Mottier (1921) nimmt an, daß sie ähnlich wie die Stärke in Plastiden entstehen. Vouk (1925) dagegen hält die Plastiden für ein Organisationszentrum, an dem sich die Eiweißstoffe kondensieren. Wieler (1944) beobachtet die Aleuronkörner der Lupine in der Nähe des Zellkernes oder im wandständigen Plasma, aber nicht in der Vakuole. Seiner Ansicht nach weist die kugelige Gestalt des Proteinkornes darauf hin, daß sie aus Tropfen entsteht. Die Tropfennatur sieht er als Beweis an, daß die Körner „aus zwei löslichen Verbindungen hervorgehen, die miteinander einen Niederschlag geben" (Wieler 1944, S. 59). Muschik (1953), der neuerdings die Aleuronkörner der Lupine untersuchte, tritt der Vorstellung Wielers entgegen und nimmt an, daß die Aleuronkörner aus den Plastiden entstehen. „Anlaß dazu geben die einzelnen auftretenden Aleuronkörner, das unregelmäßige räumliche und zeitliche Sichanfüllen der Zellen mit diesen und schließlich die Größenzunahme derselben bei fortschreitender Entwicklung" (Muschik 1953, S. 53).

Ob die Proteinkörner zum Teil oder überhaupt im Cytoplasma, in den Plastiden oder im Zellsaft entstehen, kann bis jetzt nicht entschieden werden. Es wird daher notwendig sein, die bisherigen Ergebnisse mittels moderner physikalisch-chemischer Methoden nachzuprüfen.

Innerhalb Angehöriger folgender Familien wurden Eiweißkristalle in Aleuronkörnern gefunden:

Taxaceae	VINES 1881
Cupressaceae	LÜDTKE 1890
Abietaceae	VINES 1881
Myricaceae	TSCHIRCH 1889
Juglandaceae	MEYER 1920
Arctocarpaceae	MEYER 1920
Moraceae	MEYER 1920
Euphorbiaceae	MEYER 1920
Myristacaceae	MEYER 1920
Menispermaceae	TSCHIRCH 1889
Ranunculaceae	MEYER 1920
Papaveraceae	MEYER 1920
Violaceae	TSCHIRCH 1889
Passifloraceae	TSCHIRCH 1889
Thymelaeaceae	TSCHIRCH 1889
Lecythidaceae	MEYER 1920
Linaceae	MEYER 1920
Rutaceae	MEYER 1920
Vitaceae	MEYER 1920
Umbelliferae	MEYER 1920
Solanaceae	MEYER 1920
Scrophulariaceae	MEYER 1920
Labiatae	MEYER 1920
Plantaginaceae	SCHELLENBERG 1904
Menyanthaceae	TSCHIRCH 1889
Cucurbitaceae	MEYER 1920
Campanulaceae	TSCHIRCH 1889
Lobeliaceae	TSCHIRCH 1889
Cyperaceae	TSCHIRCH 1889
Palmae	MEYER 1920
Sparganiaceae	TSCHIRCH 1889

V. Mikrochemie, Fixierung und Färbung der Eiweißeinschlußkörper

Im Schrifttum sind Angaben über das mikrochemische Verhalten und die Präparation von Eiweißkristallen wohl sehr zahlreich, aber weit verstreut. Es erscheint daher im Rahmen dieses Handbuchartikels zweckmäßig, diese Angaben zusammenzustellen; auf Vollständigkeit kann dabei allerdings kein Anspruch erhoben werden. Das chemische Verhalten der Eiweißkristalle faßt MEYER (1920) zusammen, das der Viruseinschlußkörper SMITH (1958).

Von der Wiedergabe detaillierter Fixier- und Färberezepte sei abgesehen, da zur Durchführung der einzelnen Verfahren das Studium der Originalliteratur unerläßlich ist.

Verhalten gegenüber Lösungsmitteln

1. Wasser läßt Eiweißspindeln sowie die Kristalle in Kernen und Aleuronkörnern häufig etwas aufquellen. Spindeln von *Epiphyllum* kugeln sich nach einigen Tagen ab und verschwinden (MOLISCH 1885). Beim Auf-

kochen bleiben die Kernkristalle von *Astragalus, Melampyrum, Utricularia* und *Galtonia* erhalten, die von *Pinguicula* fließen zu einer homogenen Masse zusammen (WLADARSCH 1963); auch die Eiweißkristalle der Aleuronkörner koagulieren im kochenden Wasser.

Die Sphärokristalle von *Derbesia* und *Bryopsis* sind gegenüber Süßwasser resistent (KÜSTER 1899).

2. Säuren: Eiweißspindeln werden in verdünnten Säuren sofort gelöst, Kristalle aus Milchsaft quellen etwas auf (TUNMANN 1931). Kernkristalle sind in Mineralsäuren teils löslich, teils unlöslich (RADLKOFER 1859, KLEIN 1882 a); die Kernkristalle von *Pinguicula* sind in HCL unlöslich, in HNO_3 fließen sie zusammen und erscheinen blaßgelb. Die Cytoplasmakristalle von *Phytolacca abyssinica* lösen sich in verdünnter Essig- sowie Salzsäure auf (KRUCH 1896). Essigsäure löst die Spindeln von *Epiphyllum* viel langsamer als Salzsäure (MOLISCH 1885). In 1%iger Essigsäure, starker Schwefelsäure sowie Salzsäure lösen sich die Kristalle in Aleuronkörnern (*Bertholletia*) auf. Besonders widerstandsfähig sind wieder die Sphärokristalle der marinen Algen *Derbesia* und *Bryopsis;* sie lösen sich erst in heißer Schwefelsäure.

3. Alkalien: Die meisten Eiweißkörper werden im verdünnten KOH gelöst oder verquollen. Gesättigte KOH löst meist nicht, sondern verquillt nur die Kristalle. Ammoniak löst Kernkristalle auf (RADLKOFER 1859). Spindeln von *Epiphyllum* quellen zuerst, bekommen ein perlschnurartiges Aussehen, schrumpfen zu einer Kugel zusammen und lösen sich nach 24 Stunden auf (MOLISCH 1885). Im konzentrierten Natriumphosphat sind nicht alle Eiweißkristalle der Aleuronkörner löslich, die von *Bertholletia* sind unlöslich. Die Löslichkeit der Eiweißkristalle in Aleuronkörnern nimmt mit dem Alter der Samen ab (TUNMANN 1909).

4. Salzlösungen: Die Cytoplasmakristalle von *Phytolacca abyssinica* lösen sich in 10—20%igem NaCl und KNO_3 auf (KRUCH 1896), die Aleuronkristalle in gesättigter, schwach essigsaurer Lösung. 10%iges NaCl löst die Aleuronkörner von *Bertholletia,* nicht aber die von *Musa.*

5. Alkohol: In Alkohol sind die meisten Eiweißkörper unlöslich. Es ist aber zu beachten, daß die Zelle bei langsamem Zutritt von Alkohol abstirbt und der Zellsaft die Kristalle lösen kann. Eiweißspindeln lösen sich in Alkohol meist sofort auf. Kernkristalle bleiben fast immer erhalten. Eine Ausnahme sind Kernkristalle von *Lathraea squamaria,* die sich in absol. Alkohol auflösen (HEINRICHER 1900).

6. In anderen organischen Lösungsmitteln, wie Äther und Chloroform. sind die Kristalle gleichfalls unlöslich (TUNMANN 1931). Die Kristalle von *Derbesia* und *Bryopsis* zerfallen in Glyzerin erst bei 290° C.

Mikrochemische Reaktionen

1. Millon-Reaktion: Die Kernkristalle von *Saintpaulia* geben die Reaktion nicht, doch ist die Xanthoproteinreaktion positiv (KENDA, THALER und WEBER 1956). Die Cytoplasmaeinschlußkörper von *Cereus hamatus* zeigen ebenfalls keine Millon-Reaktion (GOLDIN und FEDOTINA 1956 b).

Für marine Algen wird die Reaktion nach Millon-Denigés vorgezogen, da das übliche Reagens mit Meerwasser einen Niederschlag gibt (vgl. FELDMANN-MAZOYER 1940).

2. Xanthoprotein-Reaktion: Soweit beobachtet, stets positiv, wenn auch, besonders bei kleinen Kristallen, oft nur schwach.

3. Ninhydrin-Reaktion: Positiv bei Eiweißeinschlüssen der Cactaceen (GOLDIN und FEDOTINA 1956 b).

4. Jod-Jodkali wird von Eiweißkörpern zu brauner Farbe gespeichert. Die Färbung ist aber unspezifisch. Eiweißspindeln ziehen sich darin bisweilen korkzieherartig zusammen („Trypanoplasten" WEBER 1951 b), vgl. S. 17. Die Spindeln von *Drosera* und *Dionaea* nehmen in Jod-Jodkali sphäritische Gestalt an.

Ebenso unspezifisch ist die

5. Pikrinsäure, die Eiweiß in konzentrierter wäßriger Lösung gelb tingiert.

Die übrigen, immer wieder angegebenen Eiweißreaktionen sind, soweit sie nicht überhaupt nur mehr historisches Interesse haben, zum lokalisierten Nachweis von Eiweiß in mikroskopischen Präparaten nur wenig geeignet.

6. Feulgen-Reaktion: Negativ, nur die Kernkristalle von *Saintpaulia* färben sich rosa (KENDA, THALER und WEBER 1956); wahrscheinlich handelt es sich um eine Pseudofärbung.

7. Proteolytische Enzyme: Trypsin, Pepsin und Pankreatin lösen die meisten Eiweißkörper auf, Albumine bleiben in Trypsin ungelöst (STOCK 1892, MILOVIDOV 1949).

Fixiermittel

Von ZIMMERMANN (1892) werden vor allem sublimathaltige Gemische angegeben (konz. alkoholische Sublimatlösung, kalt oder siedend, konz. wäßriges Sublimat und abs. Alkohol, Sublimat-Eisessig). 96%iger Alkohol allein fixiert Kristalle in Kernen und Aleuronkörnern.

Für Kernkristalle wird ferner MERKELsche Lösung (Platinchlorid-Chromsäure) angegeben MARWINSKI (1930) empfiehlt Carnoy mit Chloroform für Kernkristalle von *Mirabilis jalapa.*

FLEMMINGsches Gemisch ist zum Fixieren sowohl der Kern- wie auch der Cytoplasmakristalle geeignet (KIEHN 1917, WEBER, KENDA und THALER 1952 b).

Osmiumtetroxyd wurde bereits von KLEIN (1882 a) zum Fixieren von Kernkristallen benutzt und dient heute für elektronenmikroskopische Untersuchungen von Cytoplasma- und Kernkristallen (WEHRMEYER 1960 a, SCHNEPF 1964). Osmiumbichromat wurde zur Fixierung der Kernkristalle von *Pinguicula* verwendet (SCHNEPF 1960). Die Ultradünnschnitte werden in Vestopal eingebettet. Die Eiweißkristalle können durch Blei kontrastiert werden.

Für Eiweißkristalle in Aleuronkörnern werden neben Alkohol und Sublimat Chromosmiumessigsäure, 40%iges Formol und alkoholische Pikrinsäure empfohlen.

Speziell für Viruseinschlußkörper:

Formalin-Eisessig: Für Einschlußkörper im Kern (McWHORTER 1941).

Formol-Saline (Formalin-Kochsalz) nach KASSANIS (1939) beste Fixierung für intranukleare Einschlüsse.

Karpechenko-Lösung (Chromsäure-Eisessig-Formalin) nach Vorbehandlung mit Jodjodkali (BALD 1949).

Zenkersches Gemisch mit 10%igem Formalin (SARDINA, MARTINEZ und RUBIO 1949).

Balds Alkohol-Jod-Formalin-Fixierung (RAWLINS 1957).

Färbemethoden

Gefärbt wird meist fixiertes Material. Die älteren Autoren verwendeten vorwiegend Säurefuchsin allein oder in Kombination mit Kaliumbichromat, Jodgrün sowie Hämatoxylin (ZIMMERMANN 1892). Säurefuchsin zählt auch heute noch zu den bevorzugten Färbungen für Eiweißkristalle (Altmannsche Säurefuchsinfärbung, Säurefuchsin und Hämatoxylin nach Heidenhain (MARWINSKI 1930).

MEYER (1920) empfiehlt Ponceau 6 R, anstelle dessen auch Säuregrün. BALD (1949) entwickelte eine Färbemethode für Einschlüsse viruskranker pflanzlicher Gewebe. Er fixierte mit Karpechenko und färbte mit Giemsa und Orange G (amorphe und kristalline Einschlüsse purpurrot, Kerne grünlichblau bis purpurn). RAWLINS (1957) wandelt diese Methode etwas ab, indem er mit Balds Alkohol-Jod-Formalin-Gemisch fixiert und mit verdünnter Giemsa-Lösung ohne Orange G färbt (vakuolisierte x-Körper, kristalline Einschlüsse und der Nukleolus rot).

Mit Bald-stain in der von RAWLINS (1957) abgewandelten Form färben sich ebenso die Eiweißkristalle im Kern (WLADARSCH 1963), nicht aber die der Plastiden (KNOBLAUCH-REITER 1963).

MCWHORTER (1957) empfiehlt für Virus- und andere Eiweißeinschlüsse Chlorazol fast pink B und eine Doppelfärbung mit Chlorazol fast pink B und Trypanblau (Lebendfärbung). BERKELEY und WEINTRAUB (1952) färben Viruseinschlüsse mit Trypanblau oder Phloxin, oder mit beiden Farbstoffen.

RAWLINS (1957) macht darauf aufmerksam, daß die BALDsche Färbung wie auch die übrigen Virusfärbungen mit Vorbehalt zu deuten sind.

Die Ribonuklease-Methylgrün-Pyronin-Methode (Brachet-Test, vgl. LIPP 1957!) ist heute die gebräuchlichste zum färberischen Nachweis der Ribonukleinsäure im Kern und im Cytoplasma. Die nicht virusbedingten Kernkristalle färben sich nach Ribonuklease-Einwirkung mit Methylgrün-Pyronin rot, enthalten demnach keine Ribonukleinsäure (WLADARSCH 1963).

Um die Eiweißkristalle fluoreszenzoptisch sichtbar zu machen, eignet sich besonders die Aminoterephtalsäure in alkoholischer Lösung, die HAITINGER (1938) für Sameneiweißkristalle beschrieb. Statt Aminoterephtalsäure verwendet er auch Barbitursäure. Auch die Kernkristalle lassen sich mit diesen Säuren darstellen (WLADARSCH 1963).

Fluoreszenzoptisch wurden eingehend die Eiweißwürfel der Kartoffel untersucht (JANISCH 1942, EICKE und KÖHLER 1944, FEDOTINA 1957, HÖLZL und BANCHER 1959 a, b). Immer wieder fiel die graublaue bis blaugrüne Eigenfluoreszenz auf, die auch die Kernkristalle zeigen (WLADARSCH 1963). FEDOTINA (1957) führt diese Primärfluoreszenz nicht auf Stoffe in der Vakuole zurück, da alle Reaktionen auf Alkaloide, Glycoside und Farbstoffe negativ ausfielen. HÖLZL und BANCHER (1959 a) beobachteten, daß die Kristalle nur in toten Zellen, nicht aber in lebenden fluoreszieren. Dagegen leuchtet die Vakuole lebender Zellen bläulichgrün. Sie vermuten daher, daß beim Absterben der Zelle der Vakuolenstoff frei wird und die Kristalle fluorochromiert.

Hölzl und Bancher (1959 a) bezeichnen die Fluoreszenz isolierter Eiweißkristalle als eine „Fremd-Primärfluoreszenz", die vermutlich durch dieselben Substanzen, die die „Eigen-Primärfluoreszenz" der Vakuole hervorruft, zustande kommt. Eine ähnliche Fluoreszenz zeigen die hexagonalen und tetraedrischen Eiweißkristalle in abgestorbenen Zellen von *Dianthus caryophyllus* (Reiter 1961). Die Kristalle sind nur isoliert oder in toten Zellen fluorochromierbar, weil die Plasmahülle den Zutritt des Fluorochroms verhindert.

Basische Farbstoffe und Fluorochrome färben stärker im nassen und trockenen Zustand als saure und lassen sich mit Wasser nicht auswaschen, wohl aber mit 0,2 mol $CaCl_2$. Sehr schöne Fluoreszenz zeigen die Eiweißwürfel mit Akridinorange NO (rot), Thiazolgelb G (gelb) und Primulin O (gelborange). Die sauren Farbstoffe geben in saurer Lösung, z. T. auch im destillierten Wasser, zumindest Trockenfärbung. Manche sind mit Wasser auswaschbar, andere nicht.

Goldin (1954 b) fluorochromierte Kristalleinschlüsse viruskranker Pflanzen nach Fixieren (Pikrinsäure) vor allem mit Akridinorange (Kristalle hellgrün, Kerne grünlichblau).

Reiter (1956 b) stellt Eiweißeinschlüsse im Kern mit Kaliumfluoreszin und Eosin bei pH 4 fluoreszenzoptisch dar. Sowohl Spindeln als auch Eiweißkugeln leuchten in grüner bzw. in gelbgrüner Farbe.

Die leichte Färbbarkeit der Eiweißkristalle führen Hölzl und Bancher (1959 b) neben elektroadsorptiven und allgemeinen van der Waalschen Bindungs- und Anziehungskräften auf chemische Bindungen und mechanische Porenfüllung zurück.

Zur färberischen Darstellung von Eiweißkristallen in Aleuronkörnern wurden zahlreiche Methoden angegeben. Overton (1890) behandelt die entfetteten Schnitte mit Tannin und anschließend mit Osmiumsäure (Eiweißkristalle braun). Poulsen (1890) ersetzt die Osmiumsäure durch Kaliumbichromat oder 10—20%ige Eisensulfatlösung. Auch Osmiumsäure allein oder Jodzuckerlösung machen die Kristalle gut sichtbar.

Krasser (1891) benutzt ein kombiniertes Fixier- und Färbeverfahren (alkohol. Pikrinsäure mit Eosin oder Nigrosin). Eosin nach Sublimatfixierung benutzt Strasburger-Koernicke (1913), auch Hämatoxylin in konzentriertem Glyzerin stellt die Kristalle gut dar (färbt aber auch die Grundsubstanz). Die gleichen Autoren geben ferner Goldchlorid mit nachfolgender Reduktion durch Ameisensäure zur Tinktion der Aleuronkristalle (nach Sublimatfixierung) an; die Goldchloridbehandlung kann auch mit der Fixierung gekoppelt werden (1 Tropfen 10% wäßr. AuCl in 20 Tropfen Alkohol abs.). Die Eiweißkristalle färben sich mit diesem Verfahren rosarot bis violett.

Gertz (1916) färbt nach Fixierung mit Pikrinsäure oder 40% Formol mit schwefelsaurer Anthozyanlösung (Färbedauer je nach Objekt verschieden). Ponceau färbt intensiv rot.

VI. Schlußwort

Überblickt man abschließend und zusammenfassend die Ergebnisse der referierten Untersuchungen, so erkennt man, daß die bereits von den älteren Autoren beschriebene Vielfältigkeit der Eiweißeinschlüsse auf keinen gemeinsamen Nenner gebracht werden kann. Immerhin lassen sich doch einige recht wesentliche Gesichtspunkte herausschälen.

Es ist nunmehr sicher, daß viele Eiweißeinschlüsse in der Pflanzenzelle auf Virosen zurückgehen, vielfach sind sie sogar die einzigen Kennzeichen einer Viruskrankheit. Es ist möglich, Eiweißeinschlüsse durch Überimpfen von spindelhaltigem Gewebesaft auf spindelfreie Pflanzen hervorzurufen und das Entstehen der Einschlüsse und ihre Entwicklung in der Zelle zu verfolgen; sie sind somit dem Experiment zugänglich. Ebenso sicher ist es aber auch, daß neben der Virusinfektion auch noch andere Ursachen der Eiweißkristallbildung bestehen. Kristalle erscheinen in nicht wenigen Fällen als Artmerkmal, sind somit offenbar genetisch bedingt. Hier drängt sich wieder die chemische und funktionelle Parallelität von Gen und Virus auf.

Es verdient hervorgehoben zu werden, daß Eiweißeinschlüsse in allen Plasmaorganen auftreten, in denen auch Eiweiß synthetisiert wird, im Cytoplasma, im Zellkern und in den Plastiden. Die Aleuronkörner nehmen wohl eine Sonderstellung ein. Ob es sich um Reserveeiweiß, das wieder in den Stoffwechsel einbezogen wird, also um Sekrete handelt, oder um das Ergebnis eines exzessiven Stoffwechsels, ist bisher nur in wenigen Fällen eindeutig entscheidbar. Häufig ist die chemische Zusammensetzung der Eiweißeinschlüsse unbekannt. Nirgends sind jedoch die formbildenden Kräfte bekannt, die aus ungeordneten Virusteilchen, z. B. Spindeln, aus fibrillären oder globulären Eiweißmakromolekülen Kristalle aufbauen. Es wäre durchaus denkbar, daß die Eiweißeinschlüsse Ansatzpunkte zur Analyse formbildender Kräfte im Protoplasma geben könnten.

Literatur

Amadei, G., 1898: Über spindelförmige Eiweißkörper in der Familie der *Balsamineen*. Bot. Cbl. 73, 1—9, 33—42.

Amelunxen, F., 1956 a: Beobachtungen über die Entwicklung der Eiweißspindeln bei *Cactaceen*. Protoplasma 45, 164—172.

— 1956 b: Über die Strukturanalyse der Eiweißspindeln der *Cactaceae*. Protoplasma 45, 228—240.

— 1957: Die Virus-Eiweißspindeln der Kakteen. Naturw. 44, 239.

— 1958: Die Virus-Eiweißspindeln der Kakteen. Darstellung, elektronenmikroskopische und biochemische Analyse des Virus. Protoplasma 49, 140—178.

Arnold, Z., 1927: Entwicklung und Aufgabe des Aleurons bei einigen Getreidearten. Acta bot. Univ. Zagreb 2, 57—77.

Baccarini, P., 1895: Sui cristalloidi fiorali di alcune Leguminose. Bull. Soc. bot. ital. 1895, 139—145.

Bald, J. G., 1949: A method for the selective staining of viruses in infected plant tissues. Phytopathology 39, 395—402.

Bawden, F. C., 1950: Plant viruses and virus diseases. 3. Aufl., Waltham, Mass.

— and B. Kassanis, 1941: Some properties of tobacco etch viruses. Ann. appl. Biol. 28, 107—118.

Berkeley, G. H., and M. Weintraub, 1952: Turnip mosaic. Phytopathology 42, 258—260.

Berthold, G., 1886: Studien über Protoplasmamechanik. Leipzig.

BINZ, A., 1892: Beiträge zur Morphologie und Entstehungsgeschichte der Stärkekörner. Flora **76** (Erg. Bd.), 34—91.

BLATTNY, C., und V. VUKOLOV, 1932: Mosaik bei *Epiphyllum truncatum*. Gartenbauwiss. **6**, 425—432.

BORZI, A., 1894: Sui cristalloidi nucleari di „*Convolvulus*". Contrib. biol. e fisiol. vegetal. 1. Zit. n. TISCHLER 1934.

BRANDES, J., 1956: Über das Aussehen und die Verteilung des Tabakmosaikvirus im Blattgewebe. Phytopath. Z. **26**, 93—106.

— and C. WETTER, 1959: Classification elongated plant viruses on the basis of particle morphology. Virology **8**, 99—115.

BRAT, L., G. KENDA und F. WEBER, 1951: Rhabdoide fehlen den Schließzellen von *Drosera*. Protoplasma **40**, 633—635.

BUVAT, R., 1959: Infrastructures des protéoplastes de la racine de *Phajus wallichii* (Orchidacées). C. r. Acad. Sc. (Paris) **249**, 289—291.

CHADEFAUD, M., 1941: Les pyrénoïdes des algues. Ann. Sci. Naturw. Bot., Sér. XI, 2, 1—44.

CHEMIN, E., 1931: Les cristaux protéiques chez quelques espèces marines du genre *Cladophora*. C. r. Acad. Sc. (Paris) **193**, 742—745.

CHMIELEWSKI, V., 1887: Eine Bemerkung über die von MOLISCH beschriebenen Proteinkörper in den Zweigen von *Epiphyllum*. Bot. Cbl. **31**, 117—119.

COHN, E. J., 1867: In SCHULTZES Archiv mikrosk. Anatomie 3, 24. Zit. n. KLEIN 1882 b.

COHN, E. J., and J. T. EDSALL, 1943: Proteins, Aminoacids and Peptides. New York.

COHN, F., 1859: Über Proteinkristalle in der Kartoffel. Jber. schles. Ges. vaterl. Kultur **37**, 72.

COMBES, R., 1935: La nutrition azotée de la fleur. C. r. Acad. Sc. (Paris) **200**, 1970—1972.

CONARD, A., 1940—1941: Sur la substance particulière contenue dans les noyaux cellulaires de *Pinguicula vulgaris* L. Bull. Soc. roy. Belg. **73**, 201—224.

— 1941: Sur la nature d'une substance particulière dans les noyaux de *Pinguicula vulgaris* L. Acta biol. Belg. **1**, 78.

COOK, M. Th., 1947: Viruses and virus diseases of plants. Minneapolis.

CRAMER, K., 1862: Das Rhodospermin, ein krystalloïdischer, quellbarer Körper, im Zellinhalt verschiedener Florideen. Vjschr. Naturf. Ges. Zürich **7**, 350—365.

DAMMANN, H., 1932: Beitrag zur Kenntnis der Zentralzellen der Gattung *Ceramium*. Ber. dtsch. bot. Ges. **50**, 68—72.

DANGEARD, P., 1921: Sur la formation des grains d'aleurone dans l'albumen du Ricin. C. r. Acad. Sc. (Paris) **173**, 857—859.

— 1944: L'origine des grains d'aleurone chez quelques Légumineuses. C. r. Acad. Sc. (Paris) **219**, 492—494.

DIGBY, L., 1910: Nuclear divisions of *Galtonia candicans*. Ann. Bot. **24**, 727—757.

DOULAT, E., 1946: Observations caryologiques sur *Bartsia alpina* L. C. r. Acad. Sc. (Paris) **222**, 1510—1512.

— 1947: Recherches caryologiques sur quelques *Pinguicula*. C. r. Acad. Sc. (Paris) **225**, 354—356.

DUFOUR, J., 1886: Notices microchimiques sur le tissu épidermique des végétaux. Bull. Soc. vaudoise Sci. nat. Sér. III, **22**, 134—142.

EBERDT, O., 1891: Beiträge zur Entstehungsgeschichte der Stärke. Jb. wiss. Bot. **22**, 293—348.

EICKE, R., und E. KÖHLER, 1944: Beobachtungen an den Eiweißkristallen der Kartoffelsorte „Juli". Protoplasma **38**, 64—70.

ERNST, A., 1904: Zur Kenntnis des Zellinhaltes von *Derbesia*. Flora **93**, 514—532.

ESAU, K., 1944: Anatomical and cytological studies on beet mosaic. J. agric. Res. **69**, 95—117.

— 1948: Some anatomical aspects of plant virus disease problems. II. Bot. Review **14**, 413—449.

— 1960 a: Cytologic and histologic symptoms of beet yellows. Virology **10**, 73—85.

— 1960 b: The development of inclusions in sugar beets infected with the beet-yellows virus. Virology **11**, 317—328.

FEDOTINA, W. L., 1957: Über die Natur kubischer Eiweißeinschlüsse in der Kartoffelknolle. Iswest. Akad. Nauk (USSR) 114—116.

Feldmann-Mazoyer, G., 1940: Recherches sur les Céramiacées de la Méditerranée occidentale. Bull. Soc. Hist. nat. Afrique du Nord **32**.

— et R. Meslin, 1939: Note sur le *Neomonospora furcellata* (J. AG.) comb. nov. et sa naturalisation dans la Manche. Rev. gén. Bot. **51**, 193—203.

Frey-Wyssling, A., 1955: Die submikroskopische Struktur des Cytoplasmas. Protoplasmatologia 2, A 2, 1—244.

Gardiner, W., 1885: On the phenomena accompanying stimulation in the gland-cells in the tentacles of *Drosera dichotoma*. Proc. Roy. Soc. **39**, 229—234.

Garjeanne, A. J. M., 1918: Die Rhabdoide von *Drosera rotundifolia* L. Rec. Trav. bot. néerl. **15**, 237—254.

Gates, R. R., and J. Latter, 1927: Observations on the pollen development of two species of *Lathraea*. J. roy. microsc. Soc., 209—225.

Gavaudan, P., H. Poussel et Arnaud-Lamardelle, 1957: Sur les cristalloides intranucléaires de *Galtonia candicans* Dcne. Trav. Labor. Biol. véget., Fac. Sc. Poitiers 9.

Geitler, L., 1926 a: Über Chromatophoren und Pyrenoide bei Peridineen. Arch. Protistenkd. **53**, 343—346.

— 1926 b: Zur Morphologie und Entwicklungsgeschichte der Pyrenoide. Arch. Protistenkd. **56**, 128—144.

Gerola, F. M. e M. Bassi, 1964: Sui cristalloidi proteici delle cellule vegetali. Caryologia **17**, 399—407.

Gertz, O., 1916: Über die Verwendung von Anthocyanfarbstoffen für mikrochemische Zwecke. Z. wiss. Mikroskopie **33**, 7—25.

Gicklhorn, J., 1913: Über das Vorkommen spindelförmiger Eiweißkörper bei *Opuntia*. Österr. bot. Z. **63**, 8—13.

— 1932: Notiz über die Eiweißkristalle im Zellkern der Haare von *Melampyrum nemorosum*. Protoplasma **15**, 276—280.

Goldin, M. I., 1954 a: Viruseinschlüsse in der pflanzlichen Zelle (russisch). Moskau.

— 1954 b: Lumineszenz-mikroskopische Analyse von Virus-Einschlüssen in Pflanzenzellen. Ber. Akad. Wiss. SSSR, N. S.

— und V. L. Fedotina, 1956 a: Elektronenmikroskopische Untersuchungen der Gewebe von *Impatiens balsamina* auf die Anwesenheit der virusähnlichen Partikeln. Dokl. AN. SSSR. **108**, 953—954.

— — 1956 b: Die Verbreitung der Eiweiß-(Virus-)Einschlußkörper in verschiedenen Kakteen. Bjull. Gl. bot. sada **26**, 80—84.

Goldstein, B., 1924: Cytological study of living cells of tobacco plants affected with mosaic-disease. Bull. Torrey bot. Club **51**. 261—273.

— 1925: A study of progressive cell plate formation. Bull. Torrey bot. Club **52**. 197—219.

— 1926: A cytological study of the leaves and growing points of healthy and mosaic diseased tobacco plants. Bull. Torrey bot. Club **53**, 499—599.

— 1927: The X-bodies in the cells of *Dahlia* plants affected with mosaic disease and dwarf. Bull. Torrey bot. Club **54**, 285—293.

Gris, A., 1857: Recherches microscopiques sur la chlorophylle. Ann. Sci. Natur. Bot., Sér. IV, **7**, 179—219.

— 1864: Recherches anatomiques et physiologiques sur la germination. Ann. Sci. Natur. Bot., Sér. V, **2**, 1—123.

Guignard, L., 1922: Sur l'existence de corps protéiques dans le pollen de diverses Asclépiadacées. C. r. Acad. Sci. (Paris) **175**, 1015—1020.

Guilliermond, A., 1930: Le vacuome des cellules végétales. Protoplasma **9**, 133—174.

Guttenberg, H. v., 1956: Lehrbuch der allgemeinen Botanik. 5. Aufl., Berlin.

Härtel, O., 1951: Die Stachelkugeln von *Nitella*. Protoplasma **40**, 526—540.

— und I. Thaler, 1953: Die Proteinoplasten von *Helleborus corsicus* Willd. Protoplasma **42**, 417—426.

Haitinger, M., 1938: Fluoreszenz-Mikroskopie. Leipzig.

Hartig, T., 1855: Ueber das Klebermehl. Bot. Z. **13**, 881—882.

— 1856: Weitere Mittheilungen, das Klebermehl (Aleuron) betreffend. Bot. Z. **14**, 257—268, 273—281, 297—305, 313—319, 329—335.

Heinricher, E., 1889: Hubert Leitgeb. Mitt. naturwiss. Ver. Steiermark, Jg. 1888, 159—181.

— 1891: Über massenhaftes Auftreten von Krystalloiden in Laubtrieben der Kartoffelpflanze. Ber. dtsch. bot. Ges. **9**, 287—291.

HEINRICHER, E., 1892: Biologische Studien an der Gattung *Lathraea*. I. Mitt. S. B. Akad. Wiss. Wien, math.-nat. Kl., Abt. I, **101**, 423—477.
— 1896: Anatomischer Bau und Leistung der Saugorgane der Schuppenwurz-Arten. Beitr. Biol. Pfl. **7**, 315—406.
— 1900: Über die Arten des Vorkommens von Eiweiß-Krystallen bei *Lathraea* und die Verbreitung derselben in ihren Organen und deren Geweben. Jb. wiss. Bot. **35**, 28—47.
— 1901: Die grünen Halbschmarotzer. III. Jb. wiss. Bot. **36**, 665—752.
— 1906: Zur Biologie von *Nepenthes*, speciell der javanischen *N. melamphora* REINW. Ann. Jard. bot. Buitenzorg **5**, 277—298.
— 1931: Monographie der Gattung *Lathraea*. Jena.
HOHL, H. R., 1960: Über die submikroskopische Struktur normaler und hyperplastischer Gewebe von Datura stramonium L. I. Teil: Normalgewebe. Ber. schweiz. bot. Ges. **70**, 395—439.
HÖLZL, J., und E. BANCHER, 1958: Über die Eiweißkristalle von *Solanum tuberosum*. Österr. bot. Z. **105**, 385—407.
— — 1959 a: Fluoreszenzmikroskopische Studien an der Kartoffelknolle I. Die Primärfluoreszenz der Eiweißkristalle. Protoplasma **50**, 297—302.
— — 1959 b: Fluoreszenzmikroskopische Studien an der Kartoffelknolle II. Färbungen und Fluorochromierungen der Eiweißkristalle. Protoplasma **50**, 303—315.
HOGGAN, I. A., 1927: Cytological studies on virus diseases of solanaceous plants. J. agric. Res. **35**, 651—672.
HOLLE, H. G., 1877: Ueber die Assimilationsthätigkeit von *Strelitzia Reginae*. Flora **60**, 113—120, 154—160, 161—168, 184—190.
HUIE, L. H., 1895: On some protein crystalloids. La Cellule **11**, 83—92.
IWANOWSKI, D., 1903: Über die Mosaikkrankheit der Tabakpflanze. Z. Pflanzenkrankh. **13**, 1—41.
JANISCH, R., 1942: Eiweißkristalle im Gewebe der Kartoffelknolle. Nachrichtenbl. deutsch. Pflanzenschutzdienst **22**, 55—59.
KALLEN, F., 1882: Verhalten des Protoplasma in den Geweben von *Urtica urens*, entwicklungsgeschichtlich dargestellt. Flora **65**, 65—80, 81—92, 97—105.
KASSANIS, B., 1939: Intranuclear inclusions in virus infected plants. Ann. appl. Biol. **26**, 705—709.
— and F. M. L. SHEFFIELD, 1941: Variations in the cytoplasmic inclusions induced by three strains of tobacco mosaic virus. Ann. appl. Biol. **28**, 360—367.
KAUSCHE, G. A., und H. RUSKA, 1940: Über den Nachweis von Molekülen des Tabakmosaikvirus in den Chloroplasten viruskranker Pflanzen. Naturwiss. **28**, 303.
KENDA, G., 1955: Eiweißspindeln in *Opuntia monacantha f. variegata*. Protoplasma **44**, 192—193.
— 1961: Einschlußkörper in den Epidermiszellen von *Chlorophytum comosum*. Protoplasma **53**, 305—319.
— I. THALER und F. WEBER, 1951: Kern-Kristalloide in Stomata-Zellen? Protoplasma **40**, 624—632.
— — — 1956: Eiweißkristalle in den Zellkernen der Drüsenhaare von *Saintpaulia*. Österr. bot. Z. **103**, 436—440.
KIEHN, Ch., 1917: Die Nukleolen von *Galtonia candicans* DECSNE. Diss. Marburg.
KLEBAHN, H., 1928: Experimentelle und cytologische Untersuchungen im Anschluß an Alloiophyllie und Viruskrankheiten. Planta **6**, 40—95.
KLEIN, J., 1871: Über die Krystalloide einiger Florideen. Flora **54**, 161—169.
— 1872: Zur Kenntnis des *Pilobolus*. Jb. wiss. Bot. **8**, 305—381.
— 1880 a: *Pinguicula alpina*, als insektenfressende Pflanze und in anatomischer Beziehung. Beitr. Biol. Pflanzen **3**, 163—185.
— 1880 b: Über Krystalloide in den Zellkernen von *Pinguicula* und *Utricularia*. Bot. Cbl. **4**, 1401—1404.
— 1882 a: Die Zellkern-Krystalloïde von *Pinguicula* und *Utricularia*. Jb. wiss. Bot. **13**, 60—73.
— 1882 b: Die Krystalloïde der Meeresalgen. Jb. wiss. Bot. **13**, 23—59.
KLEMM, P., 1894: Ueber die Regenerationsvorgänge bei den Siphonaceen. Flora **78**, 19—41.
KLIENEBERGER, E., 1918: Über die Größe und Beschaffenheit der Zellkerne mit besonderer Berücksichtigung der Systematik. Beih. bot. Cbl. **35**, 219—278.
KNOBLAUCH-REITER, L., 1963: Eiweißeinschlüsse in Plastiden von Ranunculaceen. Phyton **10**, 157—160.

KÖHLER, E., 1942: Die Überempfindlichkeitsreaktion bei *Solanum nodiflorum* JACQ. gegenüber Stämmen des Tabakmosaik- und Kartoffel-X-Virus. Z. Pflanzenkrankh. **52**, 450.

— und M. KLINKOWSKI, 1954: Viruskrankheiten. In: SORAUER, Handb. Pflanzenkrankh. **2**, 6. Aufl. Berlin-Hamburg.

KOLLMANN, R., 1960: Untersuchungen über das Protoplasma der Siebröhren von *Passiflora Coerulea*. Planta **55**, 67—107.

KRAMÁŘ, U., 1901: Studie über die Mykorrhiza von *Pirola rotundifolia* L. Bull. Acad. Sc. Bohême, Cl. sc. math. et nat. **6**, 9—15.

KRASSER, F. I., 1891: Neue Methoden zur dauerhaften Präparation des Aleuron und seiner Einschlüsse. Bot. Cbl. **48**, 282—283.

KRAUS, G., 1872: Über Eiweißkristalloide in der Epidermis von *Polypodium ireoides* LAM. Jb. wiss. Bot. **8**, 426—428.

KRUCH, O., 1896: Sui crystalloidi della *Phytolacca abyssinica*. Atti Accad. Lyncei. Ser. **5**, Rendiconti 5, 364.

KÜSTER, E., 1899: Ueber *Derbesia* und *Bryopsis*. Ber. dtsch. bot. Ges. **17**, 77—84.

— 1933: Über Zellsaft, Protoplasma und Membran von *Bryopsis*. Ber. dtsch. bot. Ges. **51**, 526—536.

— 1934: Anisotrope Fibrillenbündel in Pflanzenzellen. Ber. dtsch. bot. Ges. **52**, 564—573.

— 1948: Über die Eiweißspindeln von *Impatiens*. Biol. Zbl. **67**, 27—31.

— 1956: Die Pflanzenzelle. 3. Aufl., Jena.

KUNKEL, L. O., 1921: A possible causative agent for the mosaic disease of corn. Hawaiian Sug. Plant. Assoc. exper. Sta. Bot. Ser. Bul. **3**, 1—14. [Zit. n. SMITH 1958.]

KYLIN, H., 1956: Die Gattungen der Rhodophyceen. Lund.

LATTER, J., 1926: The pollen development of *Lathyrus odoratus*. Ann. Bot. **40**, 277—313.

LEIB, E., 1935: Zur Physiologie und Pathologie der *Cladophora*-Zelle. Wiss. Meeresunters., Abt. Helgoland, N. F. **10**.

LEITGEB, H., 1888: Krystalloide in Zellkernen. Mitt. bot. Inst. Graz **3**, 113—122.

LEUTHOLD, P., 1933: Die Aleuronkörner der *Telfairia pedata* HOOK. Ber. schweiz. bot. Ges. **42**, 31—36.

LEYON, H., 1953: Virus formation in chloroplasts. Exper. Cell Res. **4**, 362—370.

LINSBAUER, K., 1930: Die Epidermis. In: LINSBAUER, Handb. Pflanzenanatomie, **4**. Berlin.

LIPP, W., 1957: Histochemische Methoden. 12. Lfg. München.

LITARDIÈRE, DE R., 1920: Recherches sur l'élément chromosomique dans la caryocinèse somatique des Filicinées. La Cellule **31**, 255—473.

— 1928: Observations cytologiques sur le *Salvinia natans*. Arch. Bot. **2**, 47—52.

LOHWAG, H., 1938: Eiweißkristalle in den Gefäßen des Hausschwammes. Mikrochemie **24**, 4—9.

LÜDTKE, F., 1890: Beiträge zur Kenntnis der Aleuronkörner. Jb. wiss. Bot. **21**, 62—127.

MAGNUS, W., 1900: Studien an der endotrophen Mycorrhiza von *Neottia Nidus avis* L. Jb. wiss. Bot. **35**, 205—272.

MARINOS, N. G., 1964: Comments on the nature of a crystal-containing body in plant cells. Protoplasma **59** (in Druck).

MARWINSKI, H., 1930: Die Rolle des Nukleolus bei der Fermentproduktion in keimenden Samen. Bot. Archiv **28**, 255—288.

MCWHORTER, F. P., 1941: Isometric crystals produced by Pisum Virus 2 and Phaseolus Virus 2. Phytopathol. **31**, 760—761.

— 1957: Chlorazol fast pink b and trypan blue tests for virus and other proteinaceous inclusions. Stain Techn. **32**, 135—138.

MEYER, A., 1883: Ueber Krystalloide der Trophoplasten und über die Chromoplasten der Angiospermen. Bot. Ztg. **41**, 489—498, 505—514, 525—531.

— 1920: Analyse der Zelle. 1. Teil, Jena.

MIKOSCH, C., 1890: Ueber ein neues Vorkommen geformten Eiweißes. Ber. dtsch. bot. Ges. **8**, 33—38.

— 1908: Über den Einfluß des Reises auf die Unterlage. In: WIESNER Festschrift. Wien, 280—286.

MILIČIĆ, D., 1954: Viruskörper und Zellteilungsanomalien in *Opuntia brasiliensis*, Protoplasma 43, 228—236.

Miličić, D., 1956 a: Eiweißkristalloide in *Opuntia inermis*. Österr. bot. Z. **103**, 365—375.
— 1956 b: Die Verbreitung der Viruskörper-führenden Kakteen an der jugoslawischen Meeresküste. Biol. glasnik **9**, 21—25.
— 1956 c: Virus-Zelleinschlüsse in *Alliaria officinalis*. Protoplasma **47**, 341—346.
— 1960: Sind verschiedene Eiweißkristalle der Kakteen Viruskörper? Acta bot. croat. **18/19**, 57—63.
— 1962: Neue Wirtspflanzen des Kakteenvirus. Ber. dtsch. bot. Ges. **75**, 172—178.
— und B. Plavšić, 1956: Eiweißkristalloide in Kakteen-Virusträgern. Protoplasma **46**, 547—555.
— und V. Bralić, 1958: Viruskörper von *Rumex obtusifolius*. Protoplasma **49**, 226—230.
— M. Panjan, D. Bilanović und B. Katić, 1958: Viruskrankheit von *Alliaria officinalis*. Acta bot. croat. **17**, 159—176.
— und V. Komlinović, 1958: Wundenausheilung in der Epidermis einer *Impatiens*-Art. Österr. bot. Z. **105**, 102—110.
— und Z. Udjbinac, 1960: Die Eiweißkristalle von *Capsicum annuum* sind Viruskörper. Protoplasma **52**, 446—456.
— — 1961: Virus-Eiweißspindeln der Kakteen in Lokalläsionen von *Chenopodium*. Protoplasma **53**, 584—596.
Milovidov, P. F., 1949: Physik und Chemie des Zellkernes. 1. Berlin-Nikolassee.
— 1954: Physik und Chemie des Zellkernes. 2. Berlin-Nikolassee.
Molè-Bajer, J., 1953: Experimental studies on protein spindles. Acta Soc. Bot. Poloniae **22**, 811—828.
Molisch, H., 1885: Über merkwürdig geformte Proteinkörper in den Zweigen von *Epiphyllum*. Ber. dtsch. bot. Ges. **3**, 195—202.
— 1899: Ueber Zellkerne besonderer Art. Bot. Ztg. **57**, 177—191.
— 1901: Studien über den Milchsaft und Schleimsaft der Pflanzen. Jena.
— 1913: Mikrochemie der Pflanze. Jena.
— 1926: Über das massenhafte Vorkommen von Eiweißspindeln in einer *Vaucheria*. In: Pflanzenbiologie in Japan. Jena. 242—245.
Molisch/Höfler, **1961**: Anatomie der Pflanze. 7. Aufl., Jena.
Mottier, D. M., 1921: On certain plastids with special reference to the protein bodies of *Zea*, *Ricinus* and *Conocephalis*. Ann. Bot. **35**, 349—364.
Mrazek, A., 1910: Über geformte eiweißartige Inhaltskörper bei den Leguminosen. Österr. bot. Z. **60**, 198—201, 312—321.
Muschik, M., 1953: Untersuchungen zum Problem der Aleuronkornbildung. Protoplasma **42**, 43—57.
Nábělek, V., 1933: Das Krebsproblem der Pflanze. 2. T. Eine phytopathologische Studie über die Einwirkung der Bakterien auf die Heilungsprozesse der Pflanze. [Zit. n. Tischler 1934.]
Nägeli, C., 1862: Über die crystallähnlichen Proteinkörper und ihre Verschiedenheit von wahren Crystallen. S. B. Akad. Wiss. München **4** (2), 121.
Němec, B., 1930: Rostlinopis. Nauka o buňce anatomie rostlin 2. Prag.
Nestler, A., 1906: Myelin und Eiweißkristalle in der Frucht von *Capsicum annuum* L. S. B. Akad. Wiss. Wien, math.-nat. Kl., Abt I. **115**, 477—492.
Noll, F., 1899: Die geformten Proteïne im Zellsafte von *Derbesia*. Ber. dtsch. Bot. Ges. **17**, 302—306.
Overton, E., 1890: Beiträge zur Histologie und Physiologie der Characeen. Bot. Cbl. **44**, 1—10, 33—38.
Paetow, W., 1931: Embryologische Untersuchungen an Taccaceen, Meliaceen und Dilleniaceen. Planta **14**, 441—470.
Pascher, A., 1927: Die Süßwasserflora. Volvocales = Phytomonadinae. **4**. Jena.
Pfeffer, W., 1872: Untersuchungen über die Proteïnkörner und die Bedeutung des Asparagins beim Keimen der Samen. Jb. wiss. Bot. **8**, 429—574.
Poirault, G., 1893: Recherches anatomiques sur les Cryptogames vasculaires. Ann. Sci. Natur. Bot., Sér. VII, **18**, 113—256.
Poulsen, V. A., 1890: Note sur la préparation des grains d'aleurone. Rev. gén. Bot. **2**, 547—548.
Prát, S., 1948: The cell-inclusions in *Nitella*. Věstník Král České Společnosti Nauk. Tř. Mat.-Přírod. 3. Rač. 1947, 1—16.

PY, G., 1929: Recherches cytologiques sur l'assise nourricière des grains de pollen d'*Helleborus foetidus, Euphorbia Sauliana* et *E. Peplus*. C. r. Acad. Sci. (Paris) **189**, 1298—1300.

RACIBORSKI, M., 1893: Über die Entwicklungsgeschichte der Elaioplasten bei Liliaceen. Anz. Akad. Wiss. Krakau, 259—271.

— 1897: Laboratoriumsnotizen. Flora **83**, 74—75.

RADLKOFER, L., 1859: Über Krystalle proteinartiger Körper pflanzlichen und thierischen Ursprungs. Leipzig.

RAUNKIAER, E., 1882: Krystalloider i cellekärner hos Pyrolaceer. Vidensk. Meddel. f. d. naturh. Foren. i. Kjøbnhavn, 70—75. [Zit. n. TISCHLER 1934.]

— 1887: Cellekärne-krystalloider hos *Stylidium* og *Aeschynanthus*. Bot. Tidskr. **16**, 41—43. [Zit. n. TISCHLER 1934.]

RAWLINS, T. E., 1957: A modification of Balds Stain for viruses and for cell inclusions associated with virus infections. Phytopathol. **47**, 307.

REITER, L., 1956 a: Zerfall homogener *Epiphyllum*-Eiweißspindeln in Fibrillen. Protoplasma **45**, 615—617.

— 1956 b: Einschlüsse im Zellkern von *Campanula*. Protoplasma **45**, 507—509.

— 1956 c: Eiweißwürfel in *Solanum demissum*. Protoplasma **45**, 633—634.

— 1956 d: Studien über Viruseinschlußkörper und Eiweißkristalle in Pflanzenzellen. Diss. Graz, 1956.

— 1957: Vitale Fluorochromierung pflanzlicher Viruseinschlußkörper. Protoplasma **48**, 279—286.

— 1961: Viruskristalle in Nelken. Protoplasma **53**, 149—161.

— und F. WEBER, 1958: Sind die „Cytoplasmakugeln" von *Delphinium* X-Körper? Protoplasma **49**, 259—261.

— und F. WEBER, 1960: Einschlußkörper in viruskranken *Hesperis*-Zellen. Protoplasma **51**, 632—638.

RESÜHR, B., 1942: Zur Chemie der Symptombildung viruskranker Pflanzen. Z. Pflanzenkrankh. **52**, 63—83.

ROSENZOPF, E., 1951: Sind Eiweißspindeln Virus-Einschlußkörper? Phyton **3**, 95—101.

RUBIO-HUERTOS, M., 1954: Rapid extraction of intact crystalline inclusions from the cells of plants infected with tobacco mosaic virus. Nature **174**, 313.

RUSSOW, A., 1899: Beiträge zur Morphologie des pflanzlichen Zellkerns. Diss. Rostock. [Zit. n. TISCHLER 1934.]

RUSSOW, E., 1881: Über das Vorkommen von Krystalloiden bei *Pinguicula vulgaris*. S. B. Dorpater naturf. Ges. **5**, 417—418.

SAMMONS, I. M., and M. CHESSIN, 1961: Cactus virus in the United States. Nature **191**, 517—518.

SARDINA, R., C. F. MARTINEZ, und H. RUBIO, 1949: Consideraciones acerca de las tecnicas de tinción de inclusiones en las virosis vegetales. Bol. Pat. veg. Ent. agric. Madrid **16**, 311—320.

SCHAAR, F., 1890: Die Reservestoffbehälter der Knospen von *Fraxinus excelsior*. S. B. Akad. Wiss. Wien, math.-nat. Kl., Abt. I, **99**, 1—10.

SCHARINGER, W., 1936: Cytologische Beobachtungen an Ranunculaceen-Blüten. Protoplasma **25**, 404—426.

SCHELLENBERG, H. C., 1904: Die Reservecellulose der Plantagineen. Ber. dtsch. bot. Ges. **22**, 9—17.

SCHENK, H., 1884: Untersuchungen über die Bildung von centrifugalen Wandverdickungen an Pflanzenhaaren und Epidermen. Diss. Bonn.

SCHIMPER, A. F. W., 1878: Untersuchungen über die Proteïnkrystalloide der Pflanzen. Diss. Strassburg. [Ref. in JUSTS Bot. Jber. 6. Jg., 1880, 17—18.]

— 1880: Untersuchungen über die Entstehung der Stärkekörner. Bot. Ztg. **38**, 880—904.

— 1881: Ueber die Krystallisation der eiweißartigen Substanzen. Z. Krystall. Mineral. **5**, 131.

— 1883: Ueber die Entwickelung der Chlorophyllkörner und Farbkörper. Bot. Ztg. **41**, 105—112, 121—131, 137—146, 153—162.

— 1885: Untersuchungen über die Chlorophyllkörper und die ihnen homologen Gebilde. Jb. wiss. Bot. **16**, 1—247.

SCHLICHTINGER, F., 1956: Vermutliche Eiweißkörper in den Plastiden von *Gibbaeum heathii*. Österr. bot. Z. **103**, 363—364.

SCHNEPF, E., 1960: Kernstrukturen bei *Pinguicula*. Ber. dtsch. bot. Ges. **73**, 243—245.

— 1964: Über die Eiweißkristalloide von *Lathraea*. Z. Naturf. **19 b**, 344—345.

Schumacher, W., 1932: Über Eiweißumsetzungen in Blütenblättern. Jb. wiss. Bot. **75**, 581—608.
Sheffield, F. M. L., 1927: Cytological studies of certain meiotic stages in *Oenothera*. Ann. Bot. **41**, 779—816.
— 1931: The formation of intracellular inclusions in solanaceous hosts infected with Aucuba mosaic of tomato. Ann. appl. Biol. **18**, 471—493.
— 1934: Experiments bearing on the nature of intracellular inclusions in plant virus diseases. Ann. appl. Biol. **21**, 430—453.
- 1939: Micrurgical studies on virus-infected plants. Proceed. Soc. London, Ser. B. **126**, 529—538.
— 1946: Preliminary studies in the electron microscope of some plant virus inclusion bodies. J. Roy. Microsc. Soc. **66**, 69—76.
Sitte, P., 1958: Die Ultrastruktur von Wurzelmeristemzellen der Erbse (Pisum sativum). Protoplasma **49**, 447—522.
— 1961: Die submikroskopische Organisation der Pflanzenzelle. Ber. dtsch. bot. Ges. **74**, 177—206.
Smith, J., 1930: Intracellular inclusions in mosaic of *Solanum nodiflorum*. Ann. appl. Biol. **17**, 213—222.
— K. M., 1924: On a curious effect of mosaic disease upon the cells of the potato leaf. Ann. Bot. **38**, 385.
— 1957: A textbook of plant virus diseases. London.
— 1958: Virus inclusions in plant cells. Protoplasmalogia IV, 4 a, 1—16.
Solla, R. F., 1920: Über Eiweißkristalloide in den Zellkernen von *Albuca*. Österr. bot. Z. **69**, 110—123.
Sperlich, A., 1902: Beiträge zur Kenntnis der Inhaltsstoffe in den Saugorganen der grünen Rhinanthaceen. Beih. bot. Cbl. **11**, 437—485.
— 1907: Die Zellkernkrystalloide von *Alectorolophus*. Beih. bot. Cbl. **1**. Abt. 21, 1—41.
Steere, R. L., 1957: Electron microscopy of structural detail in frozen biological specimens. J. Biophys. Biochem. Cytol. **3/1**, 45—60.
— and R. C. Williams, 1953: Identification of crystalline inclusion bodies extracted intact from plant cells infected with tobacco mosaic virus. Amer. J. Bot. **40**, 81—84.
Stock, G., 1892: Ein Beitrag zur Kenntnis der Proteinkrystalle. Beitr. Biol. Pfl. **6**, 213—233.
Strasburger, E., 1962: Lehrbuch der Botanik. Neubearbeitet von: Harder, R., Firbas, F. et al. 28. Aufl. Stuttgart.
— und M. Koernicke, 1913: Das botanische Praktikum. 5. Aufl. Jena.
Strumpf, E., 1898: Zur Histologie der Kiefer. Anz. Akad. Wiss. Krakau, 312—317.
Suhov, K. S., 1956: Virusy. Akademija Nauk SSSR. Moskva.
— und G. S. Nikiforova, 1953: Virusähnliche Partikeln im Safte der Eiweißspindeln-führenden *Epiphyllum*-Pflanzen. Dokl. AN. SSSR. **103**, 721.
Thaler, I., 1953: Proteinoplasten fehlen den Schließzellen. Protoplasma **42**, 90—93.
— 1954: Eiweißspindeln von *Valerianella*. Österr. bot. Z. **101**, 366—369.
— 1955 a: Eiweißspindeln in der Epidermis von *Scutellaria*. Phyton **6**, 69—72.
— 1955 b: Die Leukoplasten von *Helleborus*. Protoplasma **44**, 437—443.
— 1956 a: Die Plastiden der *Cerinthe*-Epidermis. Protoplasma **45**, 483—485.
— 1956 b: Eiweißkristalloide von *Lilium tigrinum*. Protoplasma **45**, 486—490.
— 1956 c: Proteinspindeln und anormale Zellwandbildung in der Epidermis viruskranker *Impatiens Holstii*-Pflanzen. Protoplasma **46**, 755—761.
— 1956 d: Eiweißkristalle in der Epidermis von *Scindapsus aureus*. Phyton **6**, 89—91.
— 1961 a: Virus-Eiweißkristalle in *Phajus grandifolius*. Protoplasma **53**, 106—112.
— 1961 b: Virus-Einschlüsse in *Fritillaria Meleagris* L. Protoplasma **53**, 294—297.
— 1962: Eiweißkörper in *Neomonospora furcellata*. Protoplasma **54**, 223—228.
Thornton, R. M., and K. V. Thimann, **1964**: On a crystal-containing body in cells of the oat coleoptile. J. Cell Biol. **20**, 345—350.
Tischler, G., 1934: Allgemeine Pflanzenkaryologie. In: Handb. Pflanzenanatomie **2**, 1. Hälfte, 2. Aufl. Berlin.
— 1953: Allgemeine Pflanzenkaryologie. Angewandte Pflanzenkaryologie. In: Handb. Pflanzenanatomie **2**, Erg. Bd., 1. Lfg. Berlin.
— 1954: Allgemeine Pflanzenkaryologie. Angewandte Pflanzenkaryologie. In: Handb. Pflanzenanatomie **2**, 2. Lfg. Berlin.

TROLL, W., 1959: Allgemeine Botanik. 2. Aufl. Stuttgart.

TSCHIRCH, A., 1889: Angewandte Pflanzenanatomie. Wien und Leipzig.

TUNMANN, O., 1909: Untersuchungen über die Aleuronkörner einiger Samen. Pharm. Zentralh. **50**, 523.

— 1931: Pflanzenmikrochemie. 2. Aufl. Berlin.

URBAN, St., 1933: Sur la désorganisation des grains d'aleurone et sur l'évolution des plastes dans l'embryon de la courge. Acta bot. Zagreb **8**, 97.

VAN BAMBEKE, C., 1902 a: Sur la présence de cristalloïdes chez les Autobasidiomycètes. Bull. Acad. Belg. Cl. Sci. No. **4**, 227—250.

— 1902 b: Le mycélium de *Lepiota meleagris* (Sow.) SACC. Mém. Acad. Sci. Lettr. beaux-Arts Belg. **54** [1900—1904] (5), 1—57.

VAN TIEGHEM, M. Ph., 1875: Nouvelles recherches sur les mucorinées. Ann. Sci. Natur. Bot., Sér. VI, **1**, 5—175.

VINES, S. H., 1881: On the chemical composition of the aleuron grains. Proc. Soc. London **31**, 59. [Zit. n. MEYER 1920.]

VOGL, A., 1866: Beiträge zur Kenntniss der Milchsaftorgane der Pflanzen. Jb. wiss. Bot. **5**, 31—71.

VOTAVA, A., 1914: Beiträge zur Kenntnis der Inhaltskörper und der Membran der Characeen. Österr. bot. Z. **64**, 442—453.

VOUK, V., 1925: Über den plastidogenen Ursprung der Aleuronkörner. Acta bot. Zagreb **1**, 37—43.

WAKKER, J. H., 1888: Studien über die Inhaltskörper der Pflanzenzelle. Jb. wiss. Bot. **19**, 423—496.

— 1892: Ein neuer Inhaltskörper der Pflanzenzelle. Jb. wiss. Bot. **23**, 1—12.

WAŁEK-CZERNECKA, i M. KWIATKOWSKA, 1960: X-bodies in *Althaea rosea* (L.) CAV. Acta Soc. Bot. Poloniae **29**, 483—494.

WASIELEWSKI, W. von, 1899: Über Fixierungsflüssigkeiten in der botanischen Mikrotechnik. Z. wiss. Mikroskopie **16**, 303—348.

WEBER, F., 1926: Der Zellkern der Schließzellen. Planta **1**, 441—471.

— 1940: Eiweißspindeln von *Valerianella*. Protoplasma **34**, 148—152.

— 1951 a: Viruskörper fehlen den Stomazellen. Protoplasma **40**, 635—639.

— 1951 b: Trypanoplasten-Viruskörper von *Rhipsalis*. Phyton **3**, 273—275.

— 1953 a: Eiweißpolyeder in *Pereskiopsis*-Virusträgern. Protoplasma **42**, 283—286.

— 1953 b: Eiweißspindeln (Viruskörper) in vergilbenden *Pereskia*-Blättern. Österr. bot. Z. **100**, 319—321.

— 1953 c: Viruskrankes *Epiphyllum*. Österr. bot. Z. **100**, 548—551.

— 1954 a: Kakteen-Virus-Übertragung durch Pfropfung. Protoplasma **43**, 382—384.

— 1954 b: Ist die Panaschierung des „Zimmeräonium" eine Virose? Österr. bot. Z. **101**, 498—501.

— 1954 c: Sind alle Pflanzen mit Eiweißspindeln Virusträger? Phyton **5**, 189—193.

— 1954 d: Eiweißkristalle in *Lilium Henryi*. Phyton **5**, 277—279.

— 1955: Virus-Kristalle in *Lilium*. Protoplasma **44**, 373—375.

— 1956 a: Kernkristalle bei *Albuca*. Österr. bot. Z. **103**, 477—479.

— 1956 b: Eiweißspindeln und -kristalle in *Scutellaria*. Protoplasma **45**, 478—482.

— und G. KENDA, 1952 a: Die Viruskörper von *Opuntia subulata*. Protoplasma **41**, 378—381.

— — 1952 b: Cactaceen-Virus-Eiweißspindeln. Protoplasma **41**, 111—120.

— — und I. THALER, 1952 a: „Stachelkugeln" in *Opuntia*. Phyton **4**, 98—100.

— — — 1952 b: Viruskörper in Kakteen-Zellen. Protoplasma **41**, 277—286.

— und I. THALER, 1952: *Lathraea* hat auch auf *Picea* Zellkern-Kristalloide. Phyton **4**, 201—202.

— und G. KENDA, 1953: Stomata-Anomalie von *Opuntia*-Virusträgern. Österr. bot. Z. **100**, 153—159.

— — und I. THALER, 1953: Eiweißspindeln und cytoplasmatische Einschlußkörper in *Pereskiopsis*. Protoplasma **42**, 239—243.

— und L. REITER, 1958: Virus-Einschlußkörper in nichtvariegaten Zimmeräonien. Protoplasma **49**, 179—181.

— und G. WEBER, 1959: Virus-Kristalle in *Listera cordata*? Phyton **8**, 241—242.

WEHRMEYER, W., 1960 a: Entwicklungsgeschichte, Morphologie und Struktur von Tabakmosaikvirus-Einschlußkörpern unter besonderer Berücksichtigung der fibrillären Formen. Protoplasma **51**, 165—196.
— 1960 b: Licht- und elektronenmikroskopische Untersuchungen zur Cytologie tabakmosaikvirus-infizierter Tabakpflanzen. Protoplasma **51**, 242—264.
WEINGART, W., 1920: Buntgefleckte Kakteen. Mschr. Kakteenkunde **30**.
WERMINSKI, F., 1888: Ueber die Natur der Aleuronkörner. Ber. dtsch. bot. Ges. **6**, 199—204.
WETTSTEIN, R., 1933: Handbuch der systematischen Botanik. **4**. Aufl. **1**. Leipzig und Wien.
— 1935: Handbuch der systematischen Botanik. **4**. Aufl. **2**. Leipzig und Wien.
WIELER, A., 1944: Der feinere Bau der Aleuronkörner und ihre Entstehung. Protoplasma **38**, 21—63.
WILKINS, M. H. F., A. R. STOKES, W. E. SEEDS, and G. OSTER, 1950: Tobacco mosaic virus crystals and three dimensional microscopic vision. Nature **166**, 127—129.
WLADARSCH, I., 1963: Cytologische und anatomische Untersuchungen an Pflanzen mit Kernkristallen. Diss. Graz.
WOODS, M. W., and H. G. DU BUY, 1951: The action of mutant chondriogenes and viruses on plant cells with special reference to the plastids. Amer. J. Bot. **38**, 419—434.
— and R. V. ECK, 1948: Nuclear inclusions produced by a strain of tobacco mosaic virus. Phytopathol. **38**, 852—856.
WÓYCICKI, Z., 1929: Sur les cristalloides des noyaux et les oléoplastes chez *Ornithogalum caudatum*. Bull. Acad. polon. Sc. et Lettres, Cl. sc. math. et nat., Sér. B, Sc. nat. 25—39.
ZACHARIAS, E., 1883: Ueber Eiweiß, Nuclein und Plastin. Bot. Ztg. **41**, 209—215.
ZIEGLER, A., 1961: Spindelförmige Inhaltskörper in den Zellen von *Nitophyllum*. Protoplasma **53**, 298—300.
ZIMMERMANN, A., 1892: Die botanische Mikrotechnik. Tübingen.
— 1893: Beiträge zur Morphologie und Physiologie der Pflanzenzelle. 1. Tübingen.
— 1922: Die Cucurbitaceen. Jena.
ZÖLLNER, P., 1880: Globulinsubstanzen in der Kartoffelknolle. Ber. dtsch. chem. Ges. **13**, 1064.
ZWEIGELT, F., 1917: Blattlausgallen, unter besonderer Berücksichtigung der Anatomie und Ätiologie. Cbl. Bakt. II. Abt., **47**, 408—533.

Namenverzeichnis

Protoplasmatologia
II. Cytoplasma
B. Chemie
2. Spezielle Cytochemie und Histochemie
b) Organische Verbindungen
γ) Proteinkristalle: Eiweißkristalle in tierischen und menschlichen Zellen

Eiweißkristalle in tierischen und menschlichen Zellen*

Von

GERTRUDE EBERL-ROTHE, Wien

Mit 8 Textabbildungen

Inhaltsübersicht

Einleitung

Eiweißkristalle in Pflanzenzellen füllen ein verhältnismäßig großes Kapitel. Sie wurden schon 1845 von BAILEY gesehen und 1856 von HARTWIG erstmals genauer beschrieben; auch SILLIMAN (1845) und NÄGELI (1855) haben sie gefunden, aber ihre wahre Natur noch nicht erkannt. Über das Vorkommen von Eiweißkristallen im tierischen Organismus ist weitaus weniger berichtet.

SCHULZ (1901) sagt: „Gegenüber dem häufigen und massenhaften Vorkommen von vorgebildeten pflanzlichen Eiweißkristallen stellen die Beobachtungen natürlich vorgebildeter tierischer Eiweißstoffe mehr als seltene Curiosa dar.“

Sie kommen in bestimmten Organen regelmäßig vor, sind jedoch fast immer auf wenige, besondere Zellen beschränkt und gehören, wie sich im folgenden zeigen wird, hauptsächlich zu jenen Stoffwechselprodukten, die vorwiegend im Zusammenhang mit dem Speicherungsvermögen entstehen dürften.

Als erste haben FRENY und VALENCIENNES (1855) rectanguläre und quadratische Tafeln in Eiern von Fischen und Amphibien sogenannte Dotterplättchen beschrieben, sie sind vielleicht als zu diesem Kapitel gehörig anzusehen. Die Entdeckung von Kristalloiden im Cytoplasma ist AUERBACH (1856) zu-

* Herrn Prof. Dr. A. PISCHINGER zum 65. Geburtstag gewidmet.

zuschreiben, die ersten Kerneiweißkristalle in tierischen Zellen wurden von Radlkofer (1859) erkannt. Beim Menschen geht unsere Kenntnis von Kristallen auf Reinke (1894) zurück, der sie in den Zwischenzellen des Hodens entdeckte (Abb. 1). Zwei Jahre später bringt Zimmermann (1896) bereits eine genaue Übersicht über das Vorkommen derartiger Gebilde in Zelle und Kern. Sie wird von Mohl (1913) ergänzt und besonders ausführlich von A. Mayer (1920) fortgesetzt. Auch Tischler (1922) hat sich an diesem Thema beteiligt.

Sehr selten sind solche Kristalle gleichzeitig in Kern und Plasma derselben Zelle zu finden: ist dies der Fall, „dann scheinen sie wie bei Pflanzen

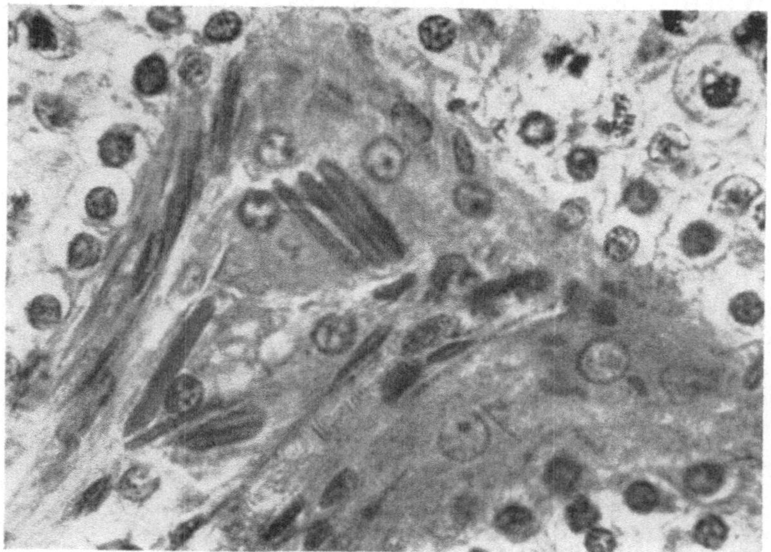

Abb. 1. Hoden vom Menschen. Leydigsche Zwischenzellen mit Eiweißkristallen nach Reinke. Formalin-Fixierung; Hämatoxylingemisch nach Delafield-Eosin. Vergr. 624:1.

zuerst im Zellkern und dann im Protoplasma aufzutreten" (Biedermann, 1898). Bambeke (1898) läßt sie in Eiern von *Pholcus* auch im Nucleolus entstehen, was man jedoch damals bezweifelt. Wenn wir uns aber die heute bekannte Bedeutung der Ribonucleinsäure vor Augen führen, dann erscheint uns diese Behauptung, sei sie damals auch nur prophetischer Natur gewesen, ohne weiteres als glaubwürdig.

Bei manchen Objekten sind die Eiweißkristalle von einer Hülle umgeben, die sich vom übrigen Protoplasma der Zelle durch Färbungsintensität unterscheidet. Vorzüglich handelt es sich dabei um amorphe Eiweißstoffe, meist in kolloidaler Lösung, so z. B. in den Dotterkugeln mancher Eier (Mayer, 1920); bei *Tubularia* (Hydroidpolypen) sollen die Kristalle in Kernvakuolen liegen (Hadzi, 1907), was Mayer (1920) allerdings bezweifelt.

Aus Mayers Zusammenstellung ist ferner zu entnehmen, daß im Tierreich „Eiweißkristalle bei Vertretern aller großen Sippen gefunden werden, bei Protozoen, Coelenteraten, Vermes, Echinodermen, Mollusken, Arthropoden, Fischen, Amphibien, Reptilien, Vögeln und Säugern."

Bei den Protozoen liegen solche Kristalle im Protoplasma, bei Metazoen auch zuweilen im Kern der Zellen. Wir finden sie hier sehr häufig in Eiern und in ihren Nährzellen, z. B. von Fischen, Amphibien und Reptilien nach Mayer (1920) so verbreitet, wie in den Samen höherer Pflanzen. Sehr häufig sind sie in den interstitiellen Zellen des Hodens, den sogenannten Leydigschen Zwischenzellen, weiters in Ganglienzellen niederer Wirbeltiere, in Epithelzellen verschiedener Art, wie z. B. in Drüsen (Speicheldrüsen, Mitteldarmdrüsen, Thymus, Pankreas) auch höherer Vertebraten, nicht zuletzt in der Schilddrüse des Menschen, aber auch in Lymphzellen mancher Wirbelloser und Wirbeltiere (z. B. Vögel), oder in Spermatogonien und Sertolischen

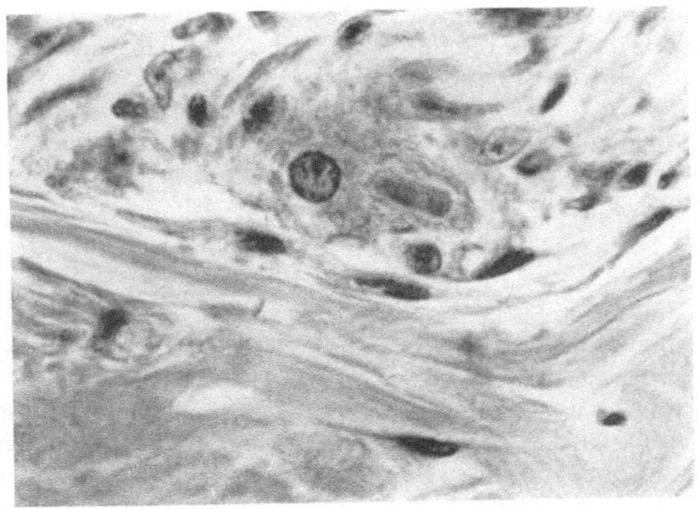

Abb. 2. Samenstrang des Menschen. Eiweißkristalle in einer Leydigschen Zwischenzelle innerhalb des Perineuriums eines quergetroffenen Nerven. Hämatoxylingemisch nach Delafield-Eosin. Vergr. 850:1.

Stützzellen. Ferner in jenen Zwischenzellen, die innerhalb des Perineuriums der Nerven des Samenstranges aufzutreten pflegen (Abb. 2).

Wie bei Pflanzen fehlen Eiweißkristalle auch im Tierreich manchen Zellformen und Geweben stets. Zum Beispiel wurden noch nie im Knorpel- und Muskelgewebe und mit einer einzigen Ausnahme (s. S. 18) in Bindegewebszellen derartige Vorkommnisse beschrieben. Auch sind mir über den Respirationstrakt, die Milz und das Epithelkörperchen sowie Epi- und Hypophyse weder Angaben in der Literatur begegnet noch konnte ich Kristalle in den zahlreichen Präparaten, die ich durchgesehen habe, finden.

Eine am Schlusse dieser Ausführungen angefügte von Mayer und Trappmann (1915) zusammengestellte Tabelle ist von mir ergänzt, um aus ihr einen in systematischer Reihenfolge geordneten Überblick über das Vorkommen von Eiweißkristallen in tierischen Zellen zu entnehmen; sie gibt außerdem Auskunft über Größe und Kristallform in den einzelnen Organen.

Ältere Befunde auf diesem Gebiet sind z. T. soweit sie nicht überprüft werden konnten mit Vorsicht zu beurteilen, denn es wird oft die Diagnose

„Eiweißkristall" gestellt ohne auf einer speziellen Eiweißreaktion zu basieren. Man stützt sich manchmal bloß auf morphologische Vergleiche mit derartigen Gebilden in Pflanzenzellen, z. T. auch auf das färberische Verhalten der Kristalle, ohne sich aber spezifischer histochemischer Reaktionen zu bedienen. Man findet hie und da in der älteren Literatur besonders in Arbeiten über niedere Metazoen nur die beiläufige Bemerkung „wahrscheinlich handle es sich bei diesen Gebilden um Eiweißkristalle" oder „sie dürften ihrer Natur nach Eiweißkristalle sein" usw.

Es ist unmöglich sämtliche Organe aller Tiere systematisch nach dem Vorkommen von Eiweißkristallen zu untersuchen; wir müssen uns darauf beschränken, Zufallsbefunde zu sammeln, und gegebenen Falles diese Angaben ergänzend überprüfen.

Soferne die bisherige Literatur gestattet — ich habe mich bemüht, das einschlägige Schrifttum zusammenzutragen und hoffe, nichts Bemerkenswertes übersehen zu haben — werde ich nun im Folgenden die Ergebnisse, die ich nach Möglichkeit durch eigene Befunde ergänzt habe, zusammenstellen, wobei auch die für diese Präparate angewandte bzw. speziell ausgearbeitete Technik Berücksichtigung finden soll.

Die Technik

Die Fixierungen, Färbemethoden und histochemischen Reaktionen, die zur Feststellung und Diagnose „Eiweißkristall" in tierischen bzw. menschlichen Zellen herangezogen wurden, sind folgende:

Fixierungen: Alkohol (70%, 96%), Formol (10%), Formol (10%) und Alkohol (96%) zu gleichen Teilen gemischt, Sublimat, Sublimat-Formol-Eisessig nach Romeis, Osmiumsäure, Flemmingsche Flüssigkeit. Kolmer (1918) empfiehlt entweder Formol oder lebenswarme Fixierung in Kaliumbichromat-Formol-Sublimat-Eisessig; außerdem das von György angegebene Sublimatgemisch. Dietz (1942) findet im Gegensatz zu Romeis Formol „wenig nutzbar". Er fixiert mit 70% Alkohol + Sulfosalicylsäure oder mit 10% Aloxanlösung, wie auch mit dem Zenkerschen Gemisch mit gutem Erfolg, sagt aber später widersprechend, daß er die Kristalle nach Alkoholfixierung zur Darstellung bringen konnte, während sie sich im selben Organ nach Zenker fixiert nicht zeigen. Stieve (1930) ist überhaupt der Meinung, daß die Zenkersche Flüssigkeit die Kristalle auflöse, weil er sie in auf diese Weise fixierten Hoden nie finden konnte. Für elektronenmikroskopische Untersuchungen verwendete Fawcet (1960) 1% Osmiumtetroxyd mit einem isotonen Veronal-Acetatpuffer (pH 7,4—7,8) nach Palade (1952).

Färbungen: Neben Eosin und Safranin hauptsächlich Eisenhämatoxylin nach Heidenhain. Die Kristalle geben bei der Differenzierung die Farbniederschläge früher ab als die Kerne. Berg und Lubarsch empfehlen für die Reinkeschen Kristalle eine Färbung mit alkoholischer Fuchsinlösung nach Zimmermann. Sehr gut eignet sich auch Azocarmin G oder Gentianaviolett. Ferner färbt Dietz (1942) mit o-Diacetylbenzol bei Zimmertemperatur, besser noch nach Weygand und Winkler im Thermostaten bei 30°—40°, wobei die Kristalle auch dann intensiv violett werden, wenn sie im Hämatoxylin-Eosin gefärbten Präparat glasig und farblos erscheinen. Überprüft und für histotopochemische Zwecke ergänzt wurde diese Methode von Voss. Kolmer färbt vital mit Methylenblau. Michalik erhält mit Hämatoxylin-Erythrosin am fixierten Präparat die Kristalle rosafarben. Er färbt aber auch mit Hämatein Ia-Rubin-Orange, ferner mit Eisenhämatoxylin, Rubin S und nach Altmann.

Mayer schreibt über Färbung der Eiweißkristalle: „Es gibt eben nur wenige Kristalle, welche sich so leicht färben wie die Eiweißkristalle" und meint damit, daß diese Eigenschaft auch zur Differenzialdiagnose beitragen könne.

Berg färbt mit Pikrinsäure.

Eiweißreaktionen, die zur Diagnose im histologischen Präparat herangezogen wurden, sind: Die Histidinreaktion von Brunswik, die Ninhydrinreaktion von Berg. Ferner die Xanthoproteinreaktion, wobei der Schnitt für einige Minuten in kalte rauchende Salpetersäure gebracht wird; die Eiweißkörper färben sich dabei gelb. Wird der Schnitt nach Auswaschen in Wasser Ammoniakdämpfen ausgesetzt, so wird der Farbton orange.

Die Millonsche Reaktion wird für histologische Zwecke nach Bensley und Gersh durchgeführt: 400 ccm konzentrierte Salpetersäure (spez. Gew. 1,42) mit destilliertem Wasser auf 1 l verdünnen. Nach 48 Stunden wird die Lösung 1 : 9 mit destilliertem Wasser weiter verdünnt. Die so erhaltene 4% Salpetersäure wird mit einem reichlichen Überschuß an Quecksilbernitratkristallen versetzt und mehrere Tage unter öfterem Schütteln der völligen Sättigung überlassen. Zu 400 ccm des Filtrates dieser Lösung fügt man 3 ccm 40% Ausgangslösung und 1,4 g Natriumnitrit. In diese Lösung werden die Schnitte eingelegt. Sie sind nach etwa 3 Stunden rosa oder rot gefärbt und werden hierauf rasch in 1% Salpetersäure gebracht, um durch absoluten Alkohol in Xylol oder Terpineol übertragen zu werden.

Günther (1896) hat außerdem noch die Biuretreaktion durchgeführt und die Eiweißreaktion nach Fröhden mit molybdänhaltiger Schwefelsäure. Reinke (1896) läßt die Kristalle in Kalilauge quellen. v. Ebner (1901) kontrolliert die Einwirkung von Kochsalz, Jod, Jodkali, Alkohol, Aether, Salpetersäure, verdünnter Essigsäure und verdünnter Natronlauge auf die Kristalle.

Daß sie in reinem Wasser unlöslich sind, muß wohl kaum hervorgehoben werden.

Nach Romeis (1948) lösen sich die Eiweißkristalle nicht in Chromsäure, 10% Salpetersäure, Salzsäure, Essigsäure, Formalin, Alkohol, Chloroform, Aether oder Balsam. Sie lösen sich dagegen sehr rasch in Pepsin-Salzsäure, quellen und verändern sich in Natronlauge, Kalilauge und Trichloressigsäure. Von Romeis wird auch die leichte Löslichkeit in Trypsin und in verdünnten Alkalien zur Kontrolle herangezogen.

Auch Bargmann (1962) empfiehlt zur Ermittlung der Eiweißnatur der Kristalle im Tiergewebe die Ninhydrinreaktion, das Millonsche Reagens, sowie die künstliche Verdauung am Schnitt mit Pepsin-Salzsäure.

Die Ergebnisse

Die Entdeckung der Eiweißkristalle in der tierischen Zelle liegt mehr als hundert Jahre zurück. Schon 1856 hat Auerbach in einer Protozoenzelle und zwar bei *Amoeba actinophora* jodlösliche Kristalle entdeckt. Bald darauf haben Kölliker (1858) und Radlkofer (1859) Kristallgebilde bei verschiedenen Fischen beschrieben. Kölliker fand sie allerdings meist erst 12—24 Stunden nach dem Tode in den Keimbläschen. Nach Radlkofer sind die Dotterplättchen des Eies von *Cyprinus carpio* rectangulär oder nahezu quadratische Täfelchen. Sie gehören anscheinend dem rhombischen System an, sind doppelbrechend, eine Eigenschaft, die 1878 von Schimper auch für die Dotterplättchen des Haies (*Acanthias vulgaris*) angegeben wird. Waldeyer (1906) dürfte mit seiner Behauptung, daß Dotterplättchen niemals Kristalle seien, nicht recht haben. Die Angaben Köllikers und Schimpers scheinen ihm entgangen zu sein. In Eiern von Spinnen (*Oletra picea*) erwähnt Bertkau (1875) tafel- oder prismenförmige Kristalloide. 1879 widmet Wagner sein Interesse einem abnormen Vorkommen kristallähnlicher Körper in den Zellen des Keimbläschens von *Canis*, das Holl noch im selben Jahr durch einen gleichen Befund bei *Mus musculus* bekräftigen kann. Der nächste, der sich der Reihe der Forscher auf diesem Gebiet anschließt, ist Carnoy (1884). Er findet deutlich wahrnehmbare Kristalle in Epithelzellkernen der Speicheldrüse des Wasserskorpions *Nepa cinerea*. O. Schultze (1878) spricht langgestreckte, zugespitzte Gebilde im Zytoplasma der Zellen des Wintereierstockes von *Rana* wegen ihrer Form als Eiweißkristalle an. 1891 ist Cuénot in der Lage, in den Kernen der Amoebocyten von Seeigel (*Echinoiden*) Eiweißkristalle nachzuweisen, die 1898 von List bestätigt verden. Sie treten nach St. Hilaire in den Wanderzellen der Darmwand der Seeigel (*Echiniden*) nicht nur im Kern, sondern auch im Zytoplasma auf. Auch Leipold (1892) hat bei *Sphaerechinus granularis* und *Dorocideus papillata* in den „angeblichen Exkretionsorganen“ ähnliche Befunde erhoben. In den Pigmentzellkernen von *Sphaerechinus* handelt es sich um gut ausgebildete Hexaeder und Rhomboeder.

Besonderes Interesse erweckt Reinke (1894) mit seiner ausführlichen Darlegung über das Vorkommen von Eiweißkristallen in den Leydigschen Zwischenzellen des menschlichen Hodens (siehe Abb. 1). Zwei Jahre später ergänzte er seine Befunde durch eine genaue Schilderung dieser plumpen, mit abgestumpften oder zugespitzten Enden versehenen Kristalle, die manchmal auch keilförmige Gestalt annehmen können. Ihre Länge beträgt meist 25—30 μ bei einer Dicke von etwa 3—4 μ.

Unmittelbar nach Reinke findet Lubarsch (1896) kristallähnliche Bildungen in den Spermatogonien und „Epithelzellen“ der gewundenen Hodenkanälchen des Menschen. Er entdeckt in den sogenannten Fußzellen ebensolche Kristalloide, die er Charcot-Böttchersche Kristalle nennt (Charcot hat Oktaeder im leukämischen Blut und Knochenmark sowie im Auswurf und Knochenmark Asthmatischer entdeckt). Er mißt bei ihnen eine Länge von „16—20 μ“, eine Breite von 2—3 μ und bestimmt die Kristalle als oktaedrisch. In den Spermatogonien sind sie bis zu 20 μ lang und 1,5—3 μ dick, ihre Gestalt ist spindel- oder nadelförmig. Ihr Auftreten wird in Beziehung zur Pigmentbildung gebracht.

Die von REINKE in frischen Präparaten vom Menschen entdeckten Kristalle konnte LUBARSCH bei Tieren nicht nachweisen, weshalb er die Meinung vertritt, daß sie hier überhaupt nicht vorkämen. Fast gleichzeitig mit den

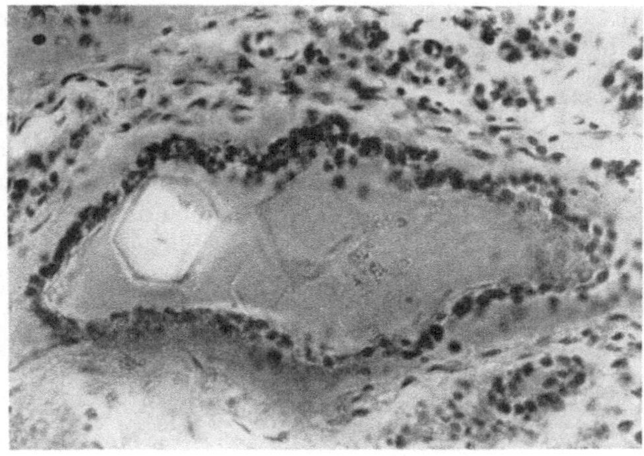

Abb. 3 a.

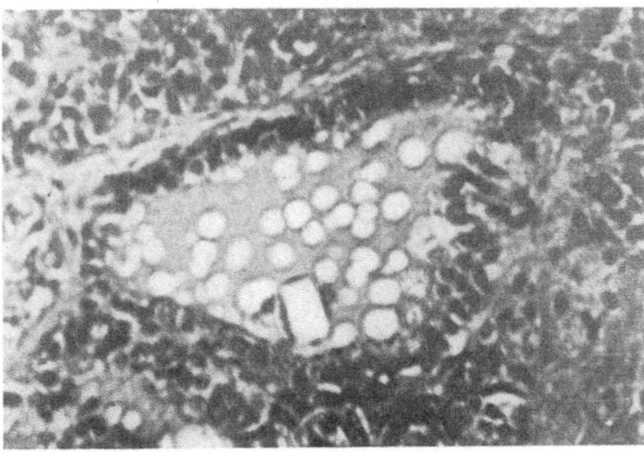

Abb. 3 b.

Abb. 3 a u. b. Schilddrüse des Menschen. (2 verschiedene Präparate.) Follikel mit Eiweißkristallen verschiedener Form. HCl-Alkohol; Hämatoxylingemisch nach DELAFIELD-Eosin. Vergr. 385 : 1.

eben genannten Autoren erörtert GÜNTHER (1896) an Hand eines Zupfpräparates einer Schilddrüse vom Menschen in physiologischer Kochsalzlösung das Vorkommen von Kristalloiden in den Alveolen (sic), die er auch im Zelloidinschnitt wieder finden konnte. Im frischen Präparat sind sie farblos bis leicht gelb und stark lichtbrechend. Ihre Größe schwankt von 10—30 μ. Die kleineren liegen in Gruppen und sind vollkommen ausgebildete Oktaeder; die größeren liegen einzeln und haben gewölbte Flächen; manche zeigen deutliche Pinakoidflächen, auch Zwillingsbildungen kommen vor. Die Bruchflächen sind muschelig.

Unser Institut besitzt einige Präparate menschlicher Schilddrüsen mit Eiweißkristallen von ähnlicher Beschaffenheit und Größe wie eben beschrieben (Abb. 3). Ihr Farbton im Hämatoxylin-Eosin-Präparat entspricht im allgemeinen dem des normalen Kolloids oder ist wesentlich heller als dieses.

Kurze Zeit nach GÜNTHER entdeckte SCHUMACHER (1897) auch in den Phagozyten der Lymphdrüsen von *Macacus rhesus,* also in Zellen mesenchymaler Herkunft, Kristalle; sie sind hier sehr dünn und spindelförmig. Gleichzeitig gibt LENHOSSEK (1897) Bericht über intranucleäre Kristalloide in den sympathischen Nervenzellen des Igels (*Erinaceus europoeus*). Im selben Jahr hören wir auch von PRENANT über das Vorkommen von Kristalloiden, jedoch im Cytoplasma der sympathischen Nervenzellen beim gleichen Tier. Wenige Jahre später (1902) kann SJÖVALL diese Feststellungen auch auf die Spinalganglienzellen ausdehnen. LISTS Untersuchungen über das Vorkommen von Kristallen im Nervengewebe vom Jahre 1897 beziehen sich auf den Seeigel *Sphaerechinus granularis.* Hier finden sich aus Proteinstoffen bestehende Rhomboeder und Hexaeder in den Radialnerven. Auch HOLMGREN (1899) beobachtet ähnliche Erscheinungen in den Nervenzellen verschiedener anderer Tiere, hält aber deren Eiweißnatur nicht für erwiesen.

COHN (1899) ist der letzte im vorigen Jahrhundert, der unsere Kenntnisse bereichert. Er konstatiert in den Leucocyten des Menschen Kristalle in Form gerader, sechsseitiger Doppelpyramiden, die schwach einachsig positiv doppelbrechend sind.

1902 hat FUCHS die seinerzeitige Behauptung LUBARSCHS, es kämen bei Tieren Kristallbildungen in Hoden und Nebenhoden nicht vor, widerlegt, indem er diese bei *Mus musculus,* und zwar in den Kernen wie im Plasma der Nebenhodenzellen — die Art der Zellen gibt er nicht an — nachweisen kann.

Damit ist erwiesen, daß die ursprüngliche Behauptung von LUBARSCH, die Kristallbildungen kämen bei Tieren nicht vor, nicht zu Recht besteht. Ja, wie sich in Kürze zeigen soll, läßt sie sich nicht einmal für die Kristalle in den LEYDIGschen Zwischenzellen aufrechterhalten.

Es häufen sich in der folgenden Zeit Arbeiten, nicht nur über bis dahin noch nicht untersuchte Tierspezies, sondern auch noch nicht untersuchte Organe. Dabei zeigt es sich, daß Kristalle allgemeiner vorkommen, als man dachte.

In einer ausführlichen Arbeit diskutiert BALLOWITZ (1900) über stab- und fadenförmige Kristalloide im vorderen Linsenepithel erwachsener Meerschweinchen (*Cavia cobaya,* Abb. 4) und der Katze. Er stellt sie mit Eisenhämatoxylin nach HEIDENHAIN nicht nur hier, sondern auch in der DESCEMETschen Membran dar. Sie liegen in der Nähe des Kernes oder manchmal auch von ihm teilweise überdeckt. Er beschreibt sie von mannigfacher Form: z. T. gerade, z. T. gebogen oder abgeknickt, wellig bis hakenförmig. Sie können auch gegliedert sein und wenn sie zu zweit in einer Zelle liegen, sind sie meist gekreuzt. Ihr Vorkommen ist aber durchaus nicht auf das Plasma der Zellen beschränkt, sondern sie besiedeln auch den Kern.

Den Ergebnissen der Untersuchungen von FRENZEL (1882), RENGEL (1896) und BIEDERMANN (1898) entnehmen wir, daß Eiweißkristalle in den Epithelzellkernen des Mitteldarmes von *Tenebrio melitor,* besonders des vorderen

Abschnittes zu finden sind, aber auch gelegentlich frei im Plasma als schöne sechsseitige Tafeln, hier sogar manchmal in einer separaten Hülle liegen. „Die Darmepithelien werden in das Lumen abgestoßen und unterliegen dort der Verdauung, wobei die eingeschlossenen Eiweißkristalle Widerstand leisten, so daß sich zahlreiche Kristalle im Darminhalt vorfinden." Zur gleichen Ansicht gelangen FRENZEL, BELLONI und EMERY bezüglich der Epithelzellen der Mitteldarmdrüsen von verschiedenen Isopoden.

BALLOWITZ zitiert in seiner Abhandlung über das Linsenepithel eine Reihe von Autoren, die bei einer neuen Reihe noch nicht untersuchter Tiere

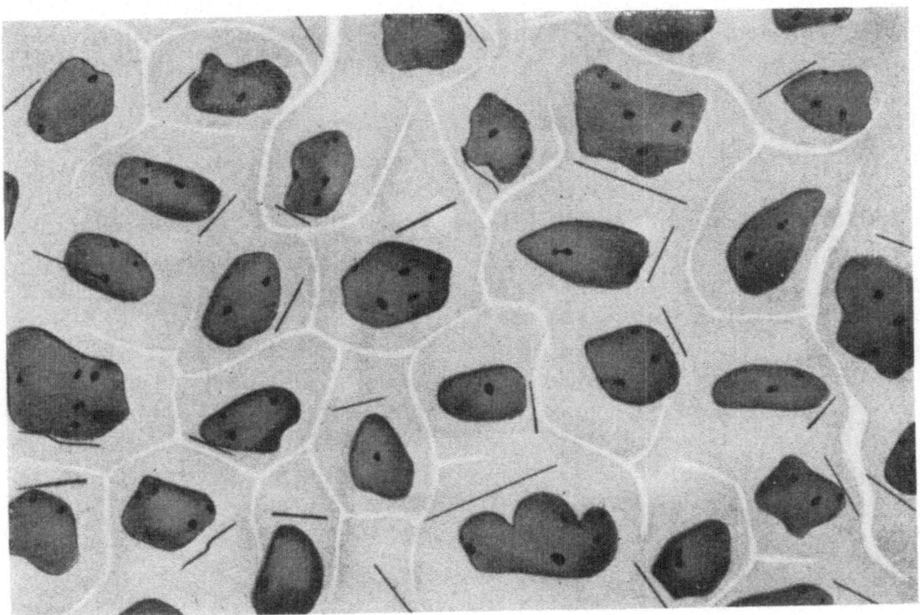

Abb. 4. Flächenansicht des vorderen Linsenepithels eines erwachsenen Meerschweinchens. In jeder Zelle neben dem Kern je ein stabförmiges Kristalloid. In einigen Zellen sind die Stäbe schräg zur Zelloberfläche gestellt. Eisenhämatoxylinfärbung. (Nach BALLOWITZ, 1900.)

in verschiedenen Organen Kristalloide beschreiben. Man ist sich allerdings nicht im klaren darüber, ob man bei diesen Untersuchungsobjekten nicht vielfach Bakterien vor sich hat. Wir werden später noch bei einer erst jüngst erschienenen Arbeit über das Nervensystem von *Lumbricus* auf diese Vermutungen zurückkommen. Zunächst sind es BLOCHMANN und KORSCHELT (1891), die ein regelmäßiges Vorkommen von bakterienähnlichen Gebilden in den Fettkörpern und Eiern von Insekten schildern, KORSCHELT übrigens nicht nur im Fettkörper, sondern auch in den Spinndrüsen von *Pieris brassicae* und einigen anderen Raupen.

Blutuntersuchungen von EHRLICH, SCHWARZE, BIZZOZERO, TORRE und DENYS lehren, daß sowohl in den Eosinophilen des Blutes wie auch in denen des Knochenmarkes der Vögel Kristalle auftreten.

Beinahe alle diese Autoren haben ihre Entdeckung noch vor der Jahrhundertwende gemacht, dazu gehört auch VAN BENEDEN (1880), der Kristalle in den Ektodermzellen der Kaninchenkeimscheibe beschreibt, wie auch

BONNET (1882) und TAFANI (1886), die sie im Ektoderm und Chorion des Schafes (*Ovis sp.*), aber auch im Uterusepithel dieses Tieres finden.

Mit Beginn des neuen Jahrhunderts werden die Untersuchungen über Eiweißkristalle in einer neuen Richtung geführt. Es kommt zu Diskussionen über deren Histo- und Biochemie und ihren biologischen Zweck: SCHULZ (1901) verfaßt eine Abhandlung über die Bedeutung der Eiweißkörper für die Eiweißchemie. v. EBNER (1901) bringt seine Befunde bei den Eiern des Rehes (*Capreolus capreolus*) in Zusammenhang mit ihrem eigentümlichen Entwicklungsvorgang. Sie durchlaufen nach der Befruchtung im August eine Ruhepause bis Dezember und entwickeln sich erst nach dieser weiter. Weder in den jüngsten Stadien der Follikel noch in degenerierten fertigen Eiern sind Kristalle vorhanden. Die kleinsten Follikel, die Kristalle enthielten, waren zwar noch ohne Hohlraum, aber schon von mehrschichtiger Granulosa umgeben und „in allen der Ausbildung nahen Eiern" waren ebenfalls kleine farblose Kristalle im Dotter zu finden. Ein Präparat zeigte einen Kristall mit Eosin lebhaft rot gefärbt von nur 6 μ Größe, während sie sonst 10—16 μ, ja sogar 35 μ maßen. Es handelt sich bei diesen um sehr stark lichtbrechende Körper, „die weder frisch noch im Lack untersucht Doppelbrechung zeigen", dem regulären System angehören und zwar der pentagonisch-hemiedrischen Form. In der flachen Projektion erscheinen sie 6-eckig, vor allem meist als reguläres Sechseck (Rhombendodekaeder). Am häufigsten treten jedoch Hexaeder auf, am seltensten Oktaeder. Sind es Dodekaeder, dann haben sie öfter gebogene Kanten und Flächen. Vielfach sind die Kristalle auch abgestumpfte Aggregate von Hexaedern. Auch Zwillingsbildungen treten nicht allzu selten in Erscheinung. Nach Einwirkung verschiedener, im Kapitel „Technik" (s. S. 5) angeführten Reagentien auf die Kristalle in den Eizellen des Rehes schließt v. EBNER, daß sie aus Globulinen bestehen müssen.

LIMON (1903) hat bei einem geschlechtsreifen Kaninchen (altes Weibchen, jahrelang in Gefangenschaft) in größeren Follikeln zahlreiche Kristalloide im Ooplasma in Form feiner, zylindrischer Stäbchen im Ausmaß von 3—9 μ gesehen, im Gegensatz zu v. EBNER aber auch in den Primärfollikeln, hier allerdings nur in sehr geringer Zahl, höchstens 3 Kristalle, während er in den reifen Follikeln bis 13 zählte. MAZZETTI (1911) findet in seinen Präparaten vom Hundehoden ebenfalls kristallähnliche Bildungen, legt sich aber die Frage vor, ob es sich dabei nicht vielleicht um Kunstprodukte handeln könne.

Untersuchungen von KOLMER (1918) entnehmen wir, daß beim Menschen in der äußersten Lage der inneren Körnerschicht der Retina und zwar nur in den an der Oberfläche gelegenen Horizontalzellen Kristallgebilde auftreten. Nur diese periphere Netzhautpartie enthält in ihren kleinen Ganglienzellen 3—18 μ lange und 1—1.5 μ dicke, an den Enden abgerundete Kristalle. Die Macula und besonders die Fovea ist frei von ihnen. KOLMER bezeichnet sie als vollkommen übereinstimmend mit jenen von REINKE in den Zwischenzellen des Hodens beschriebenen Erscheinungen. Beim Neugeborenen fehlen sie vollständig, nur beim Erwachsenen (20, 30, 40 Jahre) kann er sie nachweisen und in der gleichen Schicht auch im Schimpansenauge (*Pan satyrus, Troglodytes niger*).

Kristalle treten nach KOLMERS Beobachtungen auch in den Zellen des Labyrinthes, wie in denen der Nebennieren und gelegentlich auch in anderen Geweben der Anthropoiden auf.

Nach REICHELS Untersuchungen (1921) über die Saisonfunktion des Nebenhodens von *Talpa europaea* enthält der Zelleib der sezernierenden Zellen der Coni vasculosi zur Zeit stärkster Sekretion, d. i. im März, stabförmige Kristalle, die in Sekretvakuolen liegen, denen sie vermutlich ihren Ursprung verdanken.

1922 wurden von WINIWARTER erstmalig reiskornförmige Körperchen im menschlichen Hoden geschildert, die 1—2 μ lang und höchstens ½—1 μ breit sind. Es sind das Eiweißgebilde, bei denen es sich wahrscheinlich um kleine Zwischenzellkristalloide handelt, die in großen Mengen in diesen Zellen auftreten und unter Umständen den ganzen Zelleib ausfüllen können. Dem Kern sind sie meist an einer Seite angelagert. Hinsichtlich ihres chemischen und physikalischen Verhaltens unterscheiden sie sich in keiner Weise von den großen Kristalloiden.

Die großen Kristalle gibt es beim Menschen erst vom 12. bis 13. Lebensjahr an, d. h. also zur Zeit der Pubertät und von da ab bis zum Greisenalter nicht nur im normalen gesunden, sondern auch im krankhaft zurückgebildeten oder unterentwickelten kryptorchen Hoden.

Ähnliche Feststellungen hat STIEVE (1930) an Hodenzellen gemacht; er findet im Cytoplasma der Spermatocyten reichlich Kristalloide auch wenn sich ein Kanälchen im Dauerzustand der Rückbildung befindet. Nur die Fußzellen solcher Tubuli enthielten keine Kristalle, allerdings nach der für ihre Erhaltung nicht ganz zweckmäßigen ZENKER-Fixierung.

PATZELT (1923) vermutet, daß die Kristalle im Samenepithel möglicherweise während der Spermiogenese zum Eiweißstoffwechsel in Beziehung stehen, da sie bei reger Spermiogenese immer fehlen, sonst jedoch in lebensfrischen, überlebenden Organen stets nachzuweisen sind.

Besonders interessante Ergebnisse entnehmen wir den Beobachtungen MICHALIKS (1926) über die Kristalle aus dem Nebenhoden der Fledermaus (*Chiroptera*). Sie finden sich nämlich bei diesen Tieren weder in den Interstitien noch in den Samenkanälchen, fehlen auch den Epithelzellen des Nebenhodens, sind im Lumen der Ductuli efferentes nur sporadisch zu finden, treten jedoch reichlich im Ductus epididymidis und im Samenleiter auf. 20—30 Stück sind an einem Querschnitt zu zählen. Man findet sie doppelt oder dreifach verklebt, von spindelförmiger Gestalt mit zugespitzten Enden. Ihre Durchschnittslänge beträgt 20—25 μ bei einer Dicke von 6—8 μ.

Größer und dicker, wahrscheinlich gequollen finden sie sich aber nach der Begattung bei den weiblichen Tieren im Uterus.

Die hierzu zuerst angefertigten Präparate stammten aus den ersten Septembertagen, das ist die Periode der Begattung. Eine zweite Serie, 10 Tage später, zeigt die Kristalle bereits im Uterus und Schnitte aus den ersten Oktobertagen lassen dort wenige, kleinere, bedeutend schwächer gefärbte Kristalle erkennen, deren Rand verschwommen und ohne scharfe Grenzen in die Umgebung übergeht.

Der weitere Verbleib der Kristalle konnte mangels an Untersuchungsgut nicht studiert werden, so daß ihr endgültiges Schicksal nicht bekannt ist.

MICHALIK ist der Ansicht, daß die Kristalle aus den Nebenhodenzellen stammen und den Spermien als Reserve mitgegeben werden um mit ihnen den Winter im Uterus, wie in einer Gewebekultur zu überdauern und so „den letzten Akt ihres Reifungsprozesses, durch den sie ihre Bewegungsfähigkeit und damit die Befähigung zur Befruchtung erlangen, durchlaufen".

BUKHOFZER (1924) stellt Wechselbeziehungen fest zwischen den sogenannten BÖTTCHERschen Kristallen der Prostata, den „CHARCOTschen" von LUBARSCH und den eigentlichen Eiweißkristallen von REINKE. Seine Befunde bestätigt STIEVE. Die CHARCOTschen Kristalle nach LUBARSCH sind besonders große Exemplare, die nur sehr selten vorkommen; ihre Kristallform ist noch nicht genau bestimmt.

Die gründlichen Untersuchungen BUKHOFZERS lassen auch Wechselbeziehungen erkennen zwischen den REINKEschen Kristallen und den SPANGAROschen Kristalloiden in den Fußzellen der Tubuli contorti seminiferi, die SPANGARO (1902) genau beschreibt. Sie werden als kleine Fußzellen-Kristalloide angeführt, die meist paarweise oder zu dritt beisammen liegen, etwa 1—5 μ lang sind und eine Dicke von 1 μ aufweisen.

Im Cytoplasmaleib von Keimlings-Hodenzellen werden niemals Kristalle gefunden.

Durch POLLAK (1926) erfahren wir in einem Bericht, den er im Hinblick auf die Seltenheit des Vorkommens von Eiweißkristallen in Eizellen von Säugetieren abfaßte, daß bei einem alten Weibchen der Art *Macacus rhesus*, das seit Jahren in Gefangenschaft gelebt hatte, in beiden Ovarien zahlreiche Eizellen mehrere stäbchenartige Bildungen enthalten, die in färberischem Verhalten, Form und Größe vollkommen den REINKEschen Kristallen gleichen. Eine chemische Untersuchung der Kristalle konnte nicht vorgenommen werden, da sie, wie ich der Arbeit von POLLAK entnehme, anscheinend bloß als Zufallsbefunde an den schon fertigen Präparaten wahrgenommen wurden. Ihrer Form nach waren sie kurze, feine, häufig auch dickere, plumpe zylindrische Stäbchen mit meist abgerundeten oder auch abgeschrägten Enden. Immer lagen die Kristalle im Ooplasma, in jungen Eizellen regellos, in größeren meist nahe der Oberfläche verteilt. Doppelbrechung war nicht nachzuweisen. „Die Größe schwankte außerordentlich, die Länge zwischen 3—9 μ." Es schwankte auch die Zahl der Kristalle und schien vom Reifestadium des betreffenden Follikels abzuhängen. Die Höchstzahl im Primärfollikel betrug 3, in wachsenden Follikeln 13. Je weiter die Follikel entwickelt waren, desto geringer war die Zahl der Kristalle. Wo schon besonders viel Liquor vorhanden, fehlten Kristalle, wie auch in den atretischen Follikeln. Sprungreife Follikel konnte er nicht beurteilen, da sie in diesen Präparaten nicht zu sehen waren.

Da die Kristalle bei *Macacus* nicht schon früher entdeckt wurden, meint der Verfasser, daß es sich nicht um ein regelmäßiges Vorkommen handle. Möglicherweise stehen sie in ursächlichem Zusammenhang mit den abnormen Lebensbedingungen des so lange in Gefangenschaft gehaltenen Tieres.

Die von POLLAK gefundenen Kristalle gleichen den von v. EBNER im Reh-Ovar (*Capreolus capreolus*) beschriebenen in keiner Weise.

BERG (1929) lenkt sein Augenmerk auf Kristalle in den Kernen von Leber- und Nierenzellen bei Hunden (*Canidae*) im Alter von ¾—20 Jahren. Die von ihm dabei durchgeführten Eiweißreaktionen wie MILLONsches Reagens, Biuret- und Diazoreaktion usw. verliefen mit einer Ausnahme, nämlich der Ninhydrinprobe, negativ. Vielleicht war aber nicht die Natur der Kristalle, sondern andere Umstände an diesen Ergebnissen schuld, denn viele Eigenschaften deckten sich vollkommen mit denen der Eiweißkristalle. In Wasser, Alkohol, Chloroform, Xylol, Benzin und Terpentin waren sie unlöslich. In 10% Mineralsäure, Eisessig, Kali- und Natronlauge lösten sie sich schnell, in Ammoniak langsam. Für histologische Untersuchungen wurden sie in Alkohol, Osmiumsäure, Sublimat, FLEMMINGscher Flüssigkeit fixiert und in Paraffin oder Celloidin eingebettet. Im Frischzustand waren die Kristalle durchsichtig und nicht doppelbrechend. Sie ließen sich in Abstrichpräparaten durch Verreiben mit Glassplittern und Sand isolieren. Hierauf konnten sie am heizbaren Objekttisch bis auf 108° erhitzt werden, um sodann zu verschwinden. Freie Kristalle ertrugen sogar eine Teperatur bis zu 180°. Die Zahl der Kristalle war nach Alter der Tiere sehr verschieden und die dabei auftretenden Schwankungen zeigten sich in Niere und Leber meist parallel. In den Epithelien beider Organe waren die Kristalle trigonale oder hexagonale Prismen. Ihre Größe betrug meist 8—14 μ, der größte Kristall war 15 μ lang. Zellen mit mittelgroßen Kristallen sind zahlreich, solche mit kleinen selten und noch seltener die mit sehr großen. Sowohl im frischen, wie auch im fixierten Zustand sind die Kristalle von einem hellen Hof umgeben, es dürfte sich dabei um einen Flüssigkeitstropfen handeln. In der Niere sind diese Höfe größer als in der Leber. In zweikernigen Leberzellen ist meist nur ein solcher mit Kristallen beschickt. Öfter liegen auch zwei Kristalle in einem Kern. Sie sind stark lichtbrechend, mit einem Brechungskoeffizient größer als 1,5, nicht nachweislich doppelbrechend, hart und meist quer spaltbar. Die Kristalle entstehen unter spezifischer Mitwirkung der Kerne von Leber- und Nierenzellen. Durch die Anwesenheit der Kristalle wird weder die Glykogen- noch die Eiweißspeicherung gestört. Sie bestehen nicht wie frühere Autoren glaubten aus Hämoglobin, sondern aus Abbauprodukten des Nucleinstoffwechsels, und zwar mit größter Wahrscheinlichkeit aus Allantoin. Der von BERG angedeutete Zusammenhang einer Veränderung der Nucleolen in Verbindung mit der Entstehung der Kristalle scheint ohne weiteres erklärlich, wenn wir uns die durch histochemische Befunde bekräftigte Bedeutung des Nucleolus vor Augen führen. Nach der Darstellung von BERG kann sich der Nucleolus durch Quellung in ein rundliches Gebilde umwandeln, das dann z. B. in der Leber die homogene Vorstufe eines Kristalls repräsentiert.

Ein von der Norm abweichender Nierenkristall von besonderer Länge, jedoch sehr schmal, wird als den Kern durchbohrend geschildert, mit freiem Ende im Cytoplasma, wie es in der Niere überhaupt üblich ist, daß Kristalle aus den Kernen und Zellen austreten, um sodann frei im Lumen der

Kanälchen zu erscheinen. Sie können aber auch die Niere verlassen um dann im Harnzentrifugat gefunden zu werden.

Auch die Nierenkristalle sind nicht doppelbrechend. Sie färben sich mit Safranin, Fuchsin und Pikrinsäure und werden mit Hämatoxylin nach HEIDENHAIN schwarz.

Noch vor BERG hat MARCHAND (1909) in seinen Untersuchungen über die giftige Wirkung der chlorsauren Salze in den Kernen der Tubuli contorti der Niere eines älteren Hundes (*Canis*) im ungefärbten Präparat, farblose, nach Hämatoxylin-Eosin-Färbung rote, prismatische Kristalle von sehr verschiedener Größe gefunden. Er dachte an die beginnende Ausscheidung eines kristallisierbaren Blutbestandteiles. Die Kristalle lagen meist senkrecht zur Oberfläche und übertrafen nicht selten den Durchmesser des ganzen Harnkanälchens. Der Kern war entweder der Kristallform angepaßt oder er war bis auf einen kleinen schmalen Saum reduziert.

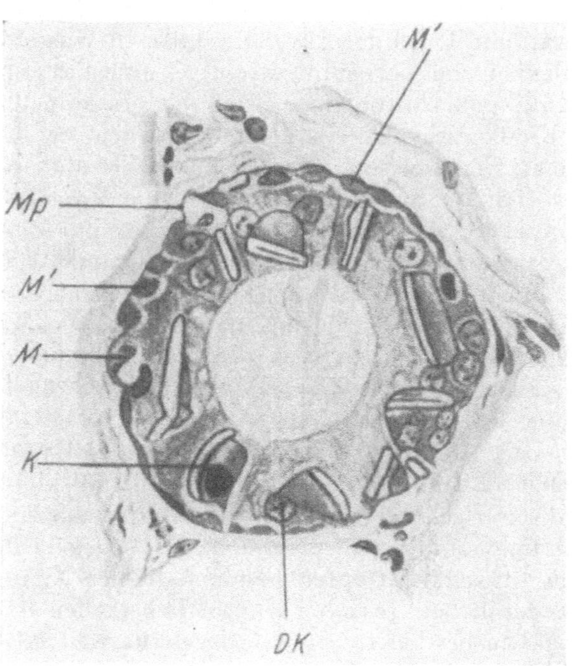

Abb. 5. Querschnitt durch einen Schlauch der Seitendrüse von *Sorex araneus* (Anfang September) Alkohol-Formalin; Hämatoxylin-Eosin. DK = Kern einer Drüsenzelle; K = kristalloide Einschlüsse; M = Muskelkern; M' = Muskelquerschnitte; Mp = Membrana propria. (Nach SCHAFFER, 1927.)

Diese Kristalle fanden sich immer wieder nur beim Hund (*Canis*). Sie wurden bei zahlreichen anderen Tieren vergeblich gesucht, so z. B. beim Frosch (*Rana sp.*), Schildkröte (*Chelonia*), Taube (*Columba*), jungen Ratten (*Rattus sp.*), Kaninchen (*Cuniculus cunic*), Schaf (*Ovies sp.*), Rind (*Bos sp.*), jungen Katzen (*Felis domestica*), Schwein (*Sus scrofa*) und auch beim Menschen. Vielleicht wäre es zweckmäßig gewesen, außer Hund und jungen Katzen noch andere Fleischfresser zu untersuchen. Denn es könnte das Auftreten dieser Kristalle mit der Nahrung irgendwie in Zusammenhang stehen.

BROVIS beschreibt diese Kristalle unabhängig von GRANDIS und BERG und kommt zu ähnlichen Resultaten. Auch BRANDT (1909) befaßte sich mit solchen der Nierentubuli vornehmlich des Hauptstückes: er sieht sie einzeln oder multipel in den Kernen, deren Form durch die Größe der Kristalle beeinflußt wird, so daß sie dementsprechend lang und ausgezogen erscheinen können. Im Zupfpräparat beobachtet er bei Zusatz von verdünnter Essigsäure oder konzentrierter Schwefelsäure eine Quellung dieser Elemente. Über ihre besondere chemische Beschaffenheit wird jedoch nichts ausgesagt.

Schaffer (1940) weist neue Kristallvorkommen in Hautdrüsenorganen der Säugetiere nach. Im Besonderen sind es meist verschiedene Stoffdrüsen (Duftdrüsen) die zeitweise Eiweißkristalle enthalten, so z. B. eine Seitendrüse von einer im September gefangenen *Sorex araneus* repräsentiert durch eine verhältnismäßig gut ausgebildete schlauchförmige apokrine Drüse, vergesellschaftet mit kleinen an Haare gebundenen Talgdrüsen. Die Schlauchdrüse besitzt ein isoprismatisches Epithel „ausgezeichnet durch die

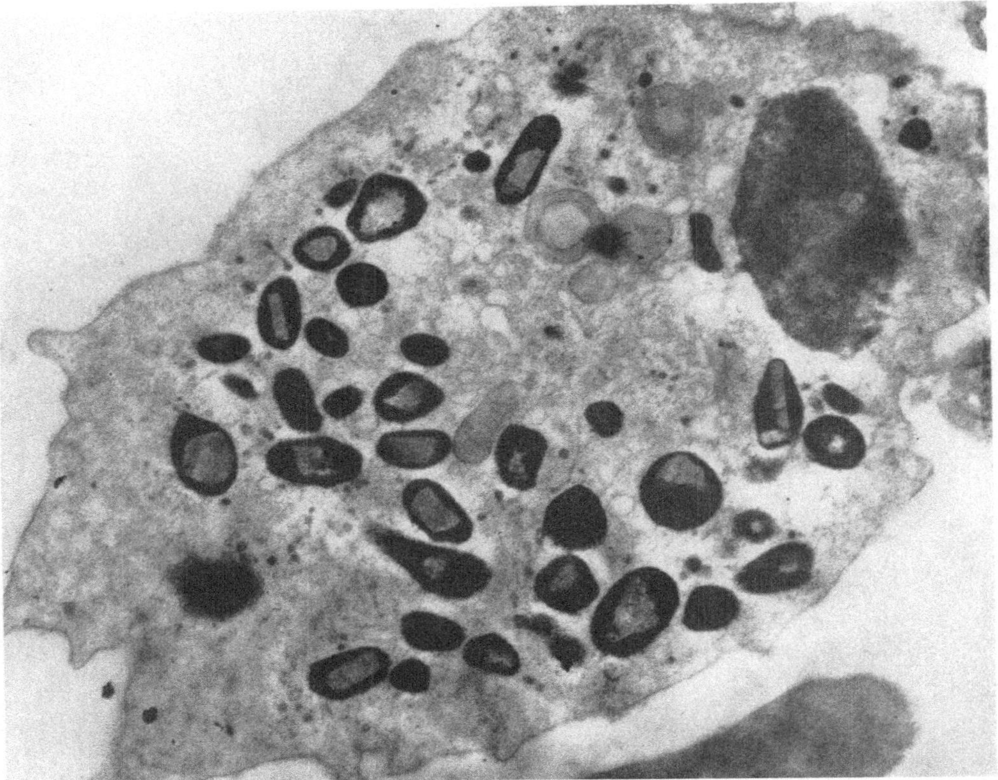

Abb. 6 a. (Legende siehe Abb. 6 c)

Einlagerung mächtiger, kristalloider Einschlüsse in Gestalt eckiger oder runder, schüsselförmig gekrümmter Plättchen oder Stäbchen". Sie färben sich stark mit Eosin und blaugrün mit Thionin. Es handelt sich bei diesem Sekret nicht um das von Schweißdrüsen, sondern um Duftdrüsensekret, an das offenbar der spezifische Geruch der Tiere gebunden ist (Abb. 5).

Die Violdrüse des männlichen Fuchses zeigt besonders zur Ranzzeit ein Ausführungssystem und dieses vor allem im Hauptausführungsgang Kristalloide von spitz- bis stumpfrhombischer Form, die sich nach Mallory gelb und mit Eisenhämatoxylin schwarz färben. Im gleichen Drüsenabschnitt können sich diese Kristalloide oft zu großen Aggregaten vereinigen.

Die Zirkumanaldrüse (polyptych, merokrin) einer 10 Jahre alten virginellen Hündin zeigt, nach Zenker fixiert, in einzelnen Zellen stäbchenartige

Kristalle, die sich mit Eisenhämatoxylin schwärzen, während das Sekret der Drüse mit Osmiumtetroxyd ungefärbt bleibt. Obwohl keine sonstigen Reaktionen durchgeführt wurden, ist wahrscheinlich damit zu rechnen, daß es sich auch hier um Eiweißgebilde handelt.

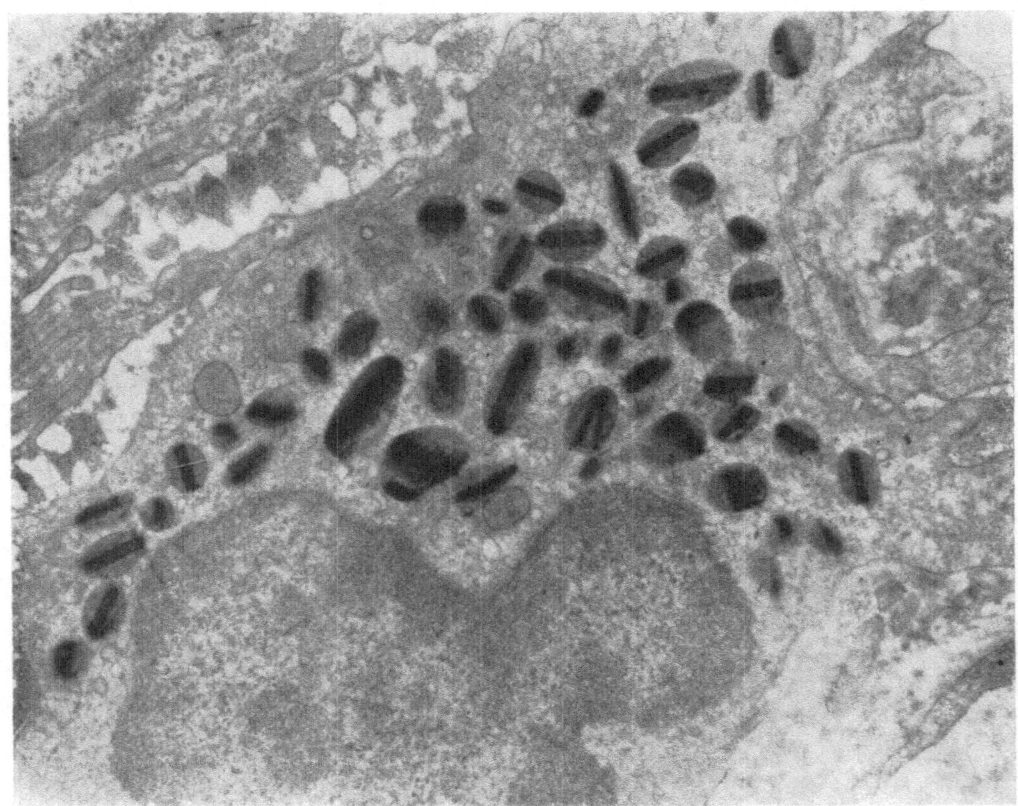

Abb. 6 b. (Legende siehe Abb. 6 c)

WEBER (1948) hat sich um die Klärung der Entstehung der Kerneiweißeinschlüsse von RONCORINI, deren Existenz oft verneint wurde, bemüht und sie bei verschiedenen Nervenzellen nach Silberimprägnation nachgewiesen.

DHOM (1954) hat in den im Mesovarium und in der Wurzel des menschlichen Eierstockes einzeln und in Gruppen vorkommenden bindegewebigen Hiluszwischenzellen, die übrigens den Hodenzwischenzellen sehr ähnlich sind, außer Fett- und Lipoideinschlüssen auch REINKEsche Kristalle gefunden.

Durch die elektronenmikroskopischen Studien der im folgenden zitierten Forscher ist einiges über die Ultrastruktur verschiedener Eiweißkristalle bekannt geworden. Es konnte dabei geklärt werden, daß die Granula der eosinophilen Blutzellen des Menschen (Abb. 6 a) und der Säuger (Abb. 6 b) Eiweißkristalle enthalten bzw. Lipoide darstellen, die ein oder mehrere kristallähnlich gebaute Proteinkörper umhüllen. Bei etwa 100 000-facher Vergrößerung (Abb. 6 c) sieht man an ihnen eine bemerkenswert regelmäßige lamelläre Struktur, die an die Bauweise mancher anderer Eiweißkristalle erinnert, so z. B. an die REINKEschen im Hoden (siehe Abb. 7 c). BARGMANN (1926) ist der Meinung, daß die CHARCOT-LEYDENschen Kristalle, kleine spitze Oktaeder im Sputum von z. B. an Bronchialasthma Leidenden, aus den eosinophilen Granula stammen.

Die Form der Kristalle in den eosinophilen Granulocyten ist kristallographisch weder beim Menschen genau bestimmt noch bei allen Säugetiergattungen, bei denen sie jeweils verschieden gestaltet sein können, festgelegt.

FAWCETT und BURGOS (1960) haben die Cytologie des Zwischengewebes der menschlichen Testis studiert und dabei für uns bemerkenswerte Befunde über die Struktur der Proteinkristalle erhoben. Zwei Gruppen von LEYDIGschen Zwischenzellen wurden festgestellt, und nur in der reifen Form befinden sich unter andersartigen Einschlüssen auch beträchtliche Proteinkristalle mit einer geordneten Feinstruktur, die aus den Abbildungen (7 a—c) sehr gut zu ersehen ist, besonders bei der „noch stärkeren Vergrößerung" (leider im Original nicht genau angegeben) der Abb. 7 c, die ein regelmäßiges Gitterwerk aus den makromolekularen Elementen darstellen. (Vergleiche die lichtmikroskopische Aufnahme Abbildung 1.)

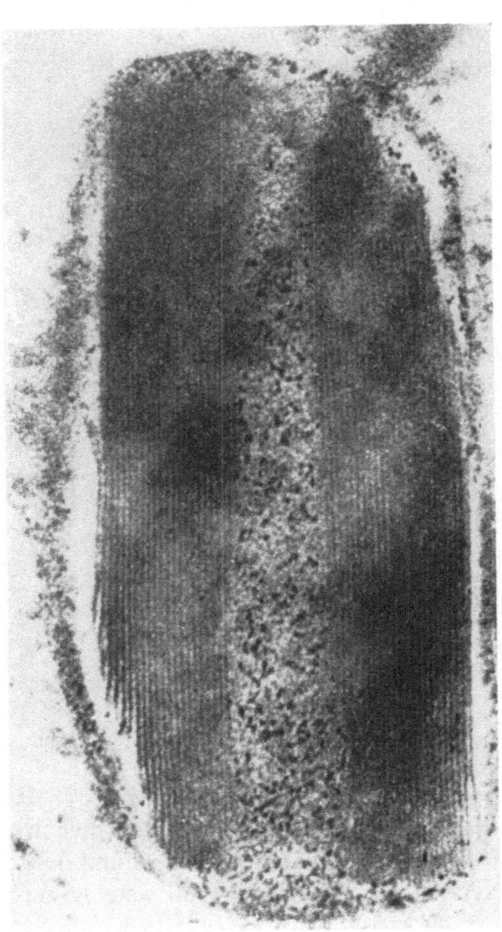

Abb. 6 c

Abb. 6 a—c. Eosinophile Granulocyten. a. Mensch. Granula mit Eiweißkristallen. Vergr. 18 000fach. b. Ratte (Duodenum). Granula mit Eiweißkristallen. Vergr. 18 000fach. c. Mensch. Einzelnes Granulum eines Eosinophilen bei etwa 100 000facher Vergrößerung. Beachte die lamelläre Bauweise des Körnchens. Aus BARGMANN und KNOOP. Z. Zellforsch. 44 (1956).

Von TRANZER, KAMPF, POSTE und FRÜHLING (1963) ist über die Bildung der kristallinen Einschlüsse oder Pseudokristalle in den retikulären Elementen vom Lymphknoten der Maus berichtet worden. Sie haben Mäusen eine oder mehrere Injektionen mit Ferritin vom Pferd in Zeitabschnitten von einer Stunde bis 28 Tagen verabreicht und konnten danach Pseudokristalle mit Eiweißnatur im Lymphknoten elektronenmikroskopisch nachweisen. Es finden sich auch in Lymphknoten von Kontrollmäusen ohne Ferritininjektion gleiche Kristalle, aber nicht so häufig und von lipoidartigen osmiophilen Granulis überdeckt. Sie liegen in Reticulumzellen als längere Körperchen verschiedenen Durchmessers, flächenartig ausgebreitet oder kettenartig aneinandergereiht und sind allein oder zu Büscheln zusammengefaßt „Phagosomen" ähnlich im Cytoplasma zu finden. Im Lymphknoten mit Ferritin vorbehandelter Mäuse läßt sich die Entstehung der Kristalle verfolgen. Sie treten inmitten der Substanz eines „Phagosoms", das sehr komplexe Struktur haben kann, auf. Bisweilen handelt es sich nur um einen

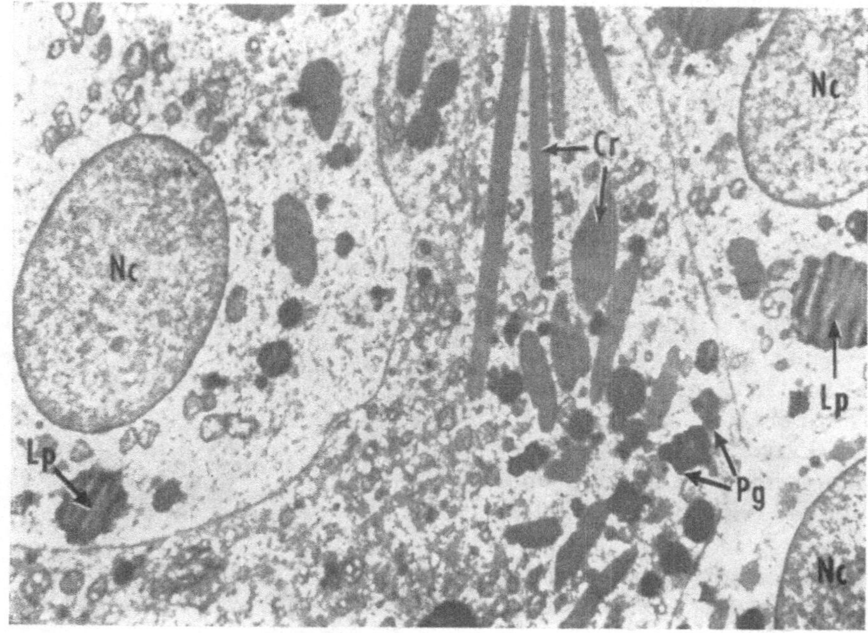

Abb. 7 a. (Legende siehe Abb. 7 c)

Kristall, der den ganzen verfügbaren Raum erfüllt. Sonst trennen einzelne oder gehäufte Ferritinkomplexe den kristallenen Einschluß von der Membran des „Phagosoms". Manchmal hat man den Eindruck, daß sich diese Kristalle durch Assoziation sehr feiner Lamellen derselben Dichte bilden. Lichtmikroskopisch geben die Kristalle positive Eiweißreaktionen, sie nehmen Eosin leicht an, sind PAS und FEULGEN negativ. Sie färben sich nicht mit basischen Farbstoffen und Fettfarben. Optisch verhalten sie sich anisotrop.

Diese pseudokristallinen Einschlüsse sind nicht spezifisch für die Resorption von Ferritin, ihr Auftreten wird auch durch andere Stoffe provoziert.

Beim Regenwurm (*Lumbricus sp.*) kommen nach STAUBESAND, KÜHLO und KERSTING (1963) in Bindegewebszellen unter dem Peritonealüberzug Einschlußkörper vor, kantig-polygonale Mikrokristalle von mehreren μ Durchmesser: mit Eosin färben sie sich gelblich bis orangerot, nach Azocarmineinwirkung rot, mit Fettfarbstoffen sind sie nicht darstellbar, sie werden auch von Osmiumtetroxyd nicht geschwärzt; Glykogenfärbung und Eisenreaktionen sind ebenfalls negativ. Gestaltlich sind sie von den sogenannten Bakteroiden verschieden, während sich färberisch beide gleich verhalten.

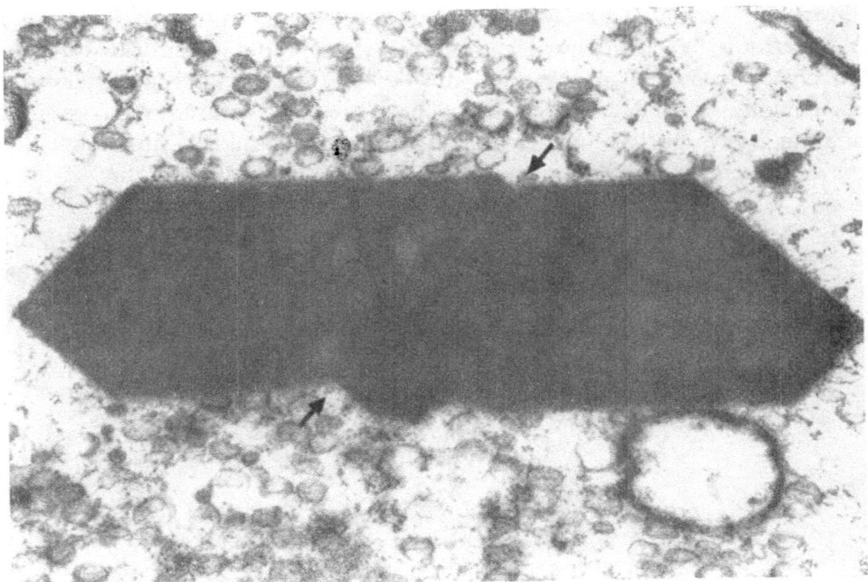

Abb. 7 b.

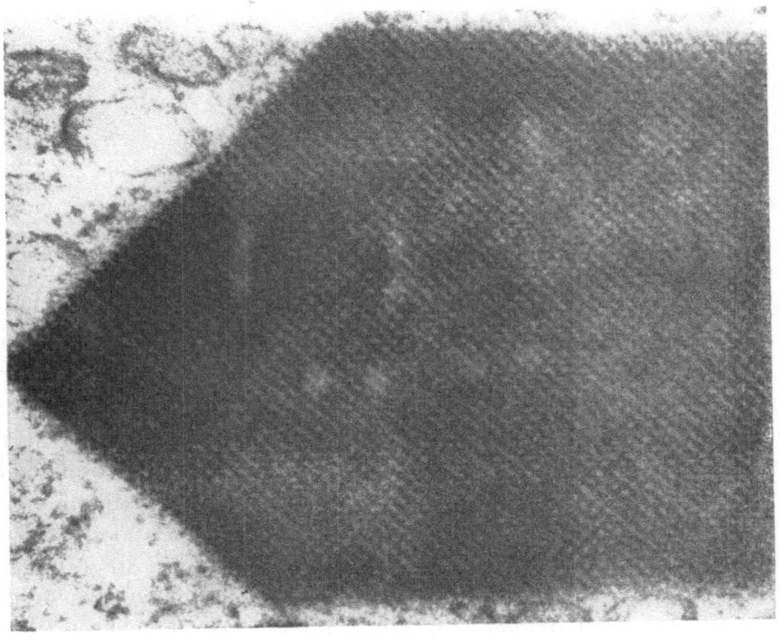

Abb. 7 c.

Abb. 7 a—c. Hoden vom Menschen. a. LEYDIGsche Zwischenzellen mit Kristallen (Cr), Lipoiden (Lp). Die elliptische Form der Kerne (Nc) ist ein Schnittartefakt (sie sind eigentlich Kugeln), Pigment (Pg). Schwache elektronenmikroskopische Vergrößerung. b. Stärker vergrößert als a. Cytoplasma mit einem Eiweißkristall nach REINKE, für die Schnittebene besonders günstig gelagert. Die Pfeile zeigen eine Spaltungsebene an, durch die der Kristall möglicherweise in 2 Teile geteilt werden kann. c. REINKEsches Kristalloid bei noch stärkerer Vergrößerung. Reguläres Muster von dichteren Bestandteilen von 150 Å im Durchmesser mit Zwischenräumen von 190 Å, nach zwei Achsen hin, die ungefähr im rechten Winkel zueinander stehen. Dieses textilähnliche Muster scheint die Anordnung von Makromolekülen im Gitterwerk des Proteinkristalles zu repräsentieren. Körnchen von ungefähr 150 Å Durchmesser im umgebenden Cytoplasma können Moleküle desselben Proteins sein, die noch nicht in den Kristall aufgenommen wurden. (Nach FAWCETT and BURGOS, 1960.)

Mitunter bereitet es Schwierigkeiten festzustellen, ob die Mikrokristalle nur innerhalb der Bindegewebszellen lokalisiert sind oder auch außerhalb ihres Cytoplasmas liegen können. Im Gegensatz zu früheren Untersuchern, z. B. SCHNEIDER (1902), finden die eben zitierten Autoren niemals in der Hülle des Bauchmarks, sondern nur im Bindegewebe des Hautmuskelschlauches, vor allem subperitoneal und in der freien Leibeshöhle, die erwähnten Gebilde.

Die Mikrokristalle unterscheiden sich von den Bakteroiden also nicht nur durch ihre Gestalt, sondern auch durch ihre Lokalisation. Sie liegen

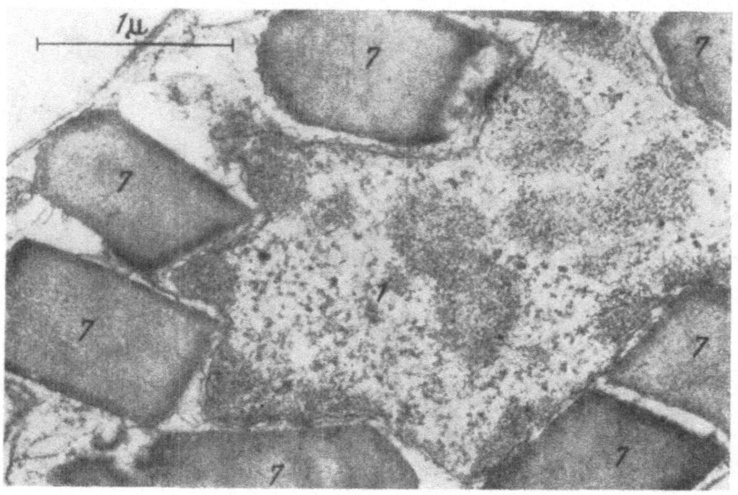

Abb. 8. Bindegewebszelle der Hülle des Brustmarks von *Lumbricus* sp. mit kantig-polygonal begrenzten Mikrokristallen (7) die den Kern (1) deutlich eindellen. Gesamtvergrößerung 26 000fach. (Nach STAUBESAND, KUHLO und KERSTING.)

in membranbegrenzten Vakuolen und können das Cytoplasma in solchen Mengen erfüllen, daß es zu Einbuchtungen des Kernes kommt (Abb. 8). Die Außenzone der Mikrokristalle ist oft dichter als ihr helleres homogenes oder sehr feinkörniges Zentrum. Der Golgiapparat liegt mitunter in einer durch Mikrokristalle begrenzten Nische.

Die sogenannten Bakteroiden beim Regenwurm beschrieb als erster CERFONTAINE (1890). CUÉNOT befaßte sich 1898 mit den Bakteroid-Zellen und findet sie von kleinen farblosen, an den Ecken abgestutzten Kristalloiden erfüllt. WILLEM und MINNE (1899) sahen in diesen Gebilden Stoffwechselprodukte. SCHNEIDER (1902) kommt zur Auffassung, daß sie sich nach Bakterienfärbung wie echte Bakterien verhalten, jedoch wurde weder ihre Teilung noch eine Vermehrung festgestellt, auch schwankt ihre Größe, Dicke und Gestalt beträchtlich. Sie sind stäbchenförmige, scharf begrenzte Körper mit stumpf geeckten Enden und bilden Gruppen, in denen sie z. T. parallel, z. T. in verschiedenen Richtungen liegen. Mit Eosin färben sie sich leicht gelblich, mit Toluidin blaugrün, Pikrinsäure läßt sie ebenfalls gelb erscheinen und von Eisenhämatoxylin werden sie geschwärzt. SCHNEIDER vermutet in ihnen eine besondere Art von „Trophochondren". TROJAN (1919) bringt sie in Zusammenhang mit der Bildung des fibrillären, faserigen

Bindegewebes und nennt sie im Hinblick darauf „Fibrochondren". Nach Knop (1926) haben diese Gebilde der Oligochaeten ihrem Verhalten entsprechend Kristallnatur und haben mit den echten Bakterien nichts zu tun, die z. B. als regelmäßiger Wandbelag in den Ampullen der Nephridien vorkommen, und von Pandazius eingehend beschrieben wurden. Buchner (1953) konnte mit seinen Untersuchungen hauptsächlich bei *Microscolex* phosphoreus beweisen, daß es sich auch hier zweifellos um Kristalloide handelt.

Hayashi (1927) bezeichnet die homogenen, scharfbegrenzten, im Querschnitt 4kantigen Gebilde in den Leuchtorganen von *Watasenia scintillans* ebenfalls als Kristalle. Die 1933 von Okada, Takagi und Sugino durchgeführte mikrochemische Analyse dieser photogenen Granula bestätigt seine Annahme, daß es sich um Proteinkristalle handelt.

Staubesand weist auf die große Ähnlichkeit seiner elektronenmikroskopischen Befunde mit jenen von Tsuda und Latum (1961) hin. Allerdings beschreiben diese Autoren in den Zellen des Pilzes *Neurospora* nicht Eiweißsondern große Ergosterolkristalle und bringen andererseits Aufnahmen von Dotterkristallen in Amphibieneiern.

Staubesand vertritt die Ansicht, daß die Proteinkristalle beim Regenwurm Stoffwechsel- oder Speicherungsprodukte darstellen. Jahreszeitliche Unterschiede sind ihm nicht aufgefallen, wohl aber Formverschiedenheiten der Mikrokristalle an den verschiedenen Stellen ihres Auftretens; in der Hülle des Bauchmarkes sind sie polyedrisch, im Bereich des Bindegewebes der Hautmuskulatur insbesonders im subperitonealen Bereich stäbchenförmig. Trotz dieser Unterschiede glaubt er annehmen zu können, daß es sich in beiden Fällen um die gleiche Substanz handle.

Weitere elektronenmikroskopische Untersuchungen von Simpson (1963) haben zu dem Ergebnis geführt, daß die juxtaglomerulären Granula in der Niere von Kaninchen (*Cuniculus cunic.*) und Ratten (*Epimys rattus*) unter besonderen Umständen kristalline Struktur annehmen können. Die erwähnten Granula wurden von mehreren Autoren nur als homogene Körnchen verschiedener Größe (0,4—1 μ) und Form beschrieben. Simpson konnte sie in ischämischen Nieren und in Nieren von Ratten, die mit salzfreier Diät gehalten wurden, größer und unregelmäßig gestaltet finden, außerdem zeigten sie Areale mit genauer periodischer Struktur, bedingt durch Streifen oder Körnchen im Abstand von 130—180 Å. Die auffallend geordneten Strukturen können eine Masse bilden, die sich von der Außenmembran, die die Hülle des Granulums bildet, abhebt.

Diese Erscheinung deutet an, daß das Material der Granula, in dem man das Enzym Renin vermutet, unter verschiedenen Bedingungen kristalline Gestalt annehmen kann. Ähnlich vielleicht, wie es von Beaver (1963) kürzlich über die Proteingranula der Präputialdrüse der Ratte berichtet wurde, daß sie „eine kristalline Gestalt annehmen wenn sie reifen". So wäre die Bildung kristalliner Strukturen in den juxtaglomerulären Granula eventuell erst nach einer bestimmten „Lagerzeit" möglich.

Im Verlaufe histochemischer Untersuchungen über die Ernährung wachsender Eizellen des Teleostiers *Trichogaster fasciatus* findet Chatterjee

(1963) Anhaltspunkte dafür, daß Blutelemente vom Blutstrom in die Eizelle eintreten und daß innerhalb des Keimbläschens und später in ooplasmatischen Vakuolen Hämolyse oder Bruchstücke von Erythrocyten zum Freiwerden von Eisenbestandteilen führen. Im Zuge dieser Vorgänge kommt es zu einer Ablagerung nicht nur von Hämosiderin, sondern auch von Hämoglobin in Kristallform. Hämoglobin und Pseudoperoxydasekörnchen im Ooplasma und Kern, Hämosiderin nur im Ooplasma.

Im gleichen Jahre noch haben SHESTOPALOVA, REINGOLD und BORISOV (1963) neugeborene Wollratten (*Sigmodon hispidus hispidus*) durch Dekapitation getötet und deren Dünndarm mit gepufferter Osmiumsäurelösung nach der Methode von PALADE und SJÖSTRAND fixiert. Im Cytoplasma des Darmepithels fanden sich meist knapp um den Kern nadelartige Gebilde gelagert, die eine innere kristalline Struktur aufweisen. Entlang dieser Kristallkörperchen verliefen Membranen, die mit Ribonukleoproteinkörnchen (Ribosomen — Ergastoplasma) dicht beladen waren. Die Kristalle lagen in Kanälchen oder Reservoiren des Ergastoplasmas und repräsentierten das Produkt seiner vitalen Aktivität.

An längsgeschnittenen Kristallen beobachtet man längs- und querverlaufende Linien im Abstand von 55—65 Å. In ihren Zwischenräumen sind 35—40 Å große osmiophile Granula zu finden, die keinen Zweifel darüber aufkommen lassen, daß das Kristallmaterial zu den hochmolekularen Stoffen gehört und seine Nukleoproteinnatur bestätigen.

Es wurde angenommen, daß die Proteinproduktion der Ribosomen in den Zellen des Darmepithels so intensiv ist, daß sich das Proteinprodukt in den Ergastoplasma-Reservoiren anreichert in Form beachtlicher Depots einer Substanz, die kristalline Struktur annimmt. Die Membrankomponente des Ergastoplasmas ist notwendig für die Vervollständigung der Kette der Synthese-Reaktion.

Es scheint also, daß die Epithelzellen des Dünndarmes nicht nur eine Resorptionsfunktion, sondern auch eine bedeutende Rolle in der Eiweißsynthese haben.

Zusammenfassende Betrachtungen

Es soll nicht allein der Zweck dieses Handbuchbeitrages sein, lediglich die reichlich verstreuten Befunde zu sammeln. Den Abschluß mögen grundsätzliche Überlegungen über physiologische und biologische Bedeutung der Kristalle in Zellen bilden.

Es läßt sich noch nicht mit Sicherheit sagen, ob das Auftreten von Kristallen, im Speziellen von Eiweißkristallen im menschlichen oder tierischen Organismus eine „Reserve“ im Sinne einer physiologisch bedingten Stoffspeicherung bedeutet, ob also derartige Bildungen ein vorübergehendes Endprodukt sind, oder ob sie ein solches darstellen, das aus dem Zellgeschehen ausgeschaltet ist. Sie können auch eine Konzentration bestimmter Substanzen repräsentieren, deren Anhäufung nicht dem normalen physiologischen Stoffwechselablauf entspricht, sondern die Folge einer Art Stauung bei einem plötzlichen Überangebot bestimmter Stoffe sein und nur ihr Abbau dient einem physiologischen Vorgang. Es ist kaum anzunehmen, daß die

Eiweißkristalle im tierischen Organismus den zahlreichen analogen Vorkommnissen im Pflanzenreich völlig homolog sind.

Obwohl unter den vielen Autoren, die über das Vorkommen der Eiweißkristalle berichten, nur wenige ihre Meinung über deren Zweck und Bedeutung äußern, sind selbst diese wenigen nicht immer gleicher Ansicht. Vielleicht ist daraus schon zu ersehen, daß Feststellungen darüber nicht einfach sind. Es blieb daher bis heute eigentlich nur bei bloßen Vermutungen. Erschwert wird die Überlegung darüber auch noch dadurch, daß man „Kristalloide" in den verschiedensten Organen zu den verschiedensten Zeiten und unter mannigfachsten Bedingungen findet. In bestimmten Zellen sind sie vorhanden, um unter scheinbar gleichen Umständen, z. B. saisonbedingt, ein andermal zu fehlen, so daß man irgendeine gelenkte Steuerung daraus nicht folgern kann.

Biedermann vertritt schon 1898 die Meinung, daß es sich bei Tieren und Pflanzen um gespeichertes Reservematerial handle und die Kristalle ihre Entstehung resorptiven und synthetischen Prozessen verdanken, eine Ansicht, die sich, wie aus jüngsten Arbeiten zu ersehen ist, bis heute erhalten hat. So z. B. kommen Shestopalova, Reingold und Borisov (1963) bei ihren Dünndarmuntersuchungen zu dem Ergebnis, daß hier das Epithel nicht nur Resorptionsfunktion hat, sondern durch die Anwesenheit der Kristalle auch seine Bedeutung für die Eiweißsynthese bewiesen wird. Meyer äußert sich zu diesem Problem fast gleichlautend: „Wie die Eiweißkristalle der Pflanzenzellen, scheinen auch die tierischen überall Reservestoffgebilde zu sein. Sie scheinen in denjenigen Zellen zu entstehen, in denen als Reservestoffe für den Aufbau und die Arbeit der Zellen Eiweißstoffe in größerer Menge im Kern oder im Cytoplasma niedergelegt werden, sobald diese Eiweißstoffe Neigung zur Kristallisation besitzen." „Schon das Vorkommen in den verschiedenen Zellformen, vorzüglich in den Eiern und in den interstitiellen Zellen des Hodens deutet auf diese biologische Rolle hin." Vielleicht ist es so, daß in jeder Zelle im Zuge der Eiweißsteuerung Kristalle gebildet werden können und sie sind daher, wenn diese Umstände eintreten, in allen Organen zu finden. Oder es sind bloß gewisse Organe dazu prädestiniert und zwar jene mit einem intensiven Eiweißstoffwechsel oder mit einem Stapelungsvermögen für Eiweiß. Diese Annahme wird vielleicht dadurch unterstützt, daß man im Muskel mit vorwiegend Kohlehydratstoffwechsel noch nie Eiweißkristalle gefunden hat.

Ballowitz (1900) hält die Kristalle ebenfalls für Nahrungsreservestoffe mit der Bestimmung einer Erhaltung der Eiweißkonzentration, um vorrätige Stoffe im Bedarfsfall abgeben zu können. Patzelt (1923) hingegen betrachtet die Kristalle als Ausdruck einer Stauung im Eiweißstoffwechsel und vertritt die Ansicht, es wäre mit der Kristallbildung ein Mechanismus gegeben, der überschüssiges Eiweiß inaktiviert. Auch mit der Pigmentbildung wird ihr Auftreten in Zusammenhang gebracht (Lubarsch, 1896). Besonders spricht ihr Verhalten im Darmepithel der Mehlwurmlarve (*Tenebrio molitor*) für die Reservenatur der Kristalle, wie Meyer aus den Feststellungen Biedermanns schließt. Nach diesem Autor ist die Größe der Kristalle bei guter Ernährung sehr bedeutend, wird aber bei sehr lange dauernder Nahrungsentziehung allmählich geringer, bis die Kristalle zuletzt ganz verschwinden. Ähnlich konnte Frenzel verfolgen, daß durch langes Fasten verkleinerte Kernkristalle bei reichlicher Nahrungszufuhr so stark heranwachsen, daß sie „mit ihren Ecken fast die Peripherie des Kernes berühren". Auch die Tatsache, daß die Cytoplasmaeiweißkristalle im verletzten Linsenepithel des Meerschweinchens, und zwar nicht nur in den sich teilenden Zellen verschwinden, wenn Regeneration des Epithels eintritt (Ballowitz, 1900) spricht nach Mayer für die Reservenatur der Eiweißkristalle. Berg hinwieder ist der Ansicht, daß Kristalle „kleinerer Natur" offenbar nur „örtliche" Bedeutung haben.

Eine besondere Eigentümlichkeit der Eiweißkristalle ist ihre Quellbarkeit; sie unterscheiden sich dadurch von anorganischen Kristallen. Die Quellung ist aber nicht in jeder Richtung gleich, so daß mit ihr auch eine Veränderung der Kristallform verbunden ist.

Die Kristalle von Eiweißkörpern werden mehrfach auch als Kristalloide bezeichnet, ein Ausdruck, den ich insofern als nicht treffend ansehen möchte, als er von der Kolloidchemie für nicht kolloide Lösungen gebraucht wird (Graham, 1861). Ich würde daher vorschlagen besser nur von „kristallartigen Bildungen" zu sprechen oder kürzer einfach dafür den Ausdruck „Kristallide" einzuführen.

Die Eiweißkristalle bieten kristallographische Verschiedenheiten. Im Pflanzenreich gehören sie meist dem rhombischen, regulären und hexagonalen System an. Bei Tieren sind sie noch nicht zur Gänze bestimmt. Auch werden oft die Kristallformen nicht genau angegeben, sondern nur ihre ungefähre Gestalt geschildert: gerade oder gebogen, fadenförmig, zylindrisch, nadelförmig, stäbchenförmig, prismenförmig, spindelförmig, keilförmig, tafelförmig, schüsselförmig, abgeknickt, wellig verbogen bis hakenförmig, eventuell auch gegliedert, mit abgerundeten, abgeschrägten oder zugespitzten Enden.

Kleinere Kristalle sind oft Oktaeder oder rhombische Oktaeder; größere können als Rhomboeder, Hexaeder, pentagonisch-hemiedrische Formen, Rhombendodekaeder, trigonale oder hexagonale Prismen, spitz- oder stumpfrhombische Gebilde, oder auch Oktaeder sein.

Die Größenschwankungen aller bisher beschriebenen Kristalle sind aus der am Schlusse angeführten Tabelle zu ersehen. Ihre Extremwerte liegen zwischen 1 und 3000 μ. v. Lenhossek (1897) verglich die bei Tieren gefundenen Kristalle ihrer „Biegsamkeit" (!) wegen mit denen der Pflanzen.

Radlkofer kommt schon 1859 zu dem Ergebnis, daß an den tierischen Eiweißkristallen 4 verschiedene Eiweißstoffe zu unterscheiden sind, nämlich Ichthidin, Ichthulin, Ichthin und Emydin, während Walter (1891) ihre stoffliche Zusammensetzung als Phosphoroglykoproteide definiert.

Ich habe viele Hoden vom Menschen und von Tieren auf das Vorhandensein von Reinkeschen Kristallen in den Leydigschen Zwischenzellen, in denen sie immer wieder als regelmäßige Befunde beschrieben werden, untersucht. In der überwiegenden Mehrzahl dieser Präparate, die ich einer vorhandenen vergleichend histologischen Sammlung entnommen habe, fehlen sie aber. Ich habe Grund anzunehmen, daß dieses zunächst unerklärliche Fehlen dadurch bedingt wird, daß die Präparate nicht genug lebensfrisch fixiert wurden. Anscheinend lösen sich die Kristalle postmortal unter dem Einfluß autolytischer Fermente rasch auf. Dies scheint mir wesentlich dafür zu sein, daß man sie häufig an Stellen, wo sie sonst regelmäßig beschrieben werden, vermißt. Demgegenüber dürften ungeeignete Fixierung oder saisonbedingte Umstände in den Hintergrund treten. Diese meine Meinung stützt sich auf folgenden Beobachtungen: Man findet in einem Präparat niemals verschiedene Farbintensitäten, alle Kristalle in einem Organ sind gleich stark tingiert. Vergleicht man die Kristalle der LEYDIGschen Zwischenzellen verschiedener Tiere nach Eosinfärbung in verschiedenen Präparaten, so fällt auf, daß trotz gleicher Fixierung ihr Farbton wechselt, von intensiv rot über rosa bis ganz hell und sie manchmal sogar ungefärbt sein können. Es erweckt im letzten Fall den Anschein, als wäre nur mehr der Platz vorhanden, an dem der Kristall gelegen hat, und der helle Fleck ist nur mehr die Matrize der einstigen Kristallform.

Der Umstand läßt sich nur so erklären, daß zu verschiedenen Zeiten fixiert wurde und die Kristalle infolge postmortaler Autolyse verschwunden sind. Es muß dann natürlich damit gerechnet werden, daß bei noch später vorgenommener Fixierung auch das Negativ des einstigen Kristalles verschwindet. Diese Annahme ist Gegenstand noch laufender Untersuchungen.

Tabelle 1. *Vorkommen der Eiweißkristalle in systematischer Reihenfolge neu zusammengestellt mit Ergänzungen der Angaben von A. Meyer und Trappmann* (A. Meyer, 1920).

Tier	Organ	Zytoplasma = Z Kern = K	Kristallform	Kristallgröße	Autor	Jahr	Bemerkungen
PROTOZOA							
Amoeba actinophora		Z			Auerbach	1856	
Haliomma spec.		Z			Hertwig, R.	1880	
Acanthometra serrata		Z			Hertwig, R.	1880	
Acanthometra spec.		Z			Krohn zitiert nach Hertwig	1880	
Thalassospaera bifurca		Z			Haeckel zitiert nach Hertwig	1880	
Collozoum huxleyi		Z			Doflein	1909	
METAZOA							
Evertebrata							
Verschiedene Wirbellose	Lymphzellen						keine sonstigen Angaben
Coelenterata							
Stauridium	Ectoderm der Tentakel	Z			Hadzi	1907	
Tubularia mesenbryanthemum	Ectoderm der Tentakel	Z + K (Vakuolen)			Hadzi	1907	
Vermes							
Planaria armata	Penis, Epithel	K			Sarbussow	1908	
Sorocelis pardalina	Penis, Epithel	K			Sarbussow	1908	

Microscolex (Photodrilus) phosphoreus					BUCHNER	1953	keine näheren Angaben
Lumbricus terrestris	Bakteroidzellen				CERFONTAINE	1890	
Lumbricus terrestris	Bakteroidzellen				CUENOT	1898	
Lumbricus terrestris	Hülle des Bauchmarkes	Z	polyedrisch		SCHNEIDER	1902	
Lumbricus terrestris	Bakteroidzellen				TROJAN	1919	
Lumbricus terrestris (+ andere Oligochaeten)	Bakteroidzellen				KNOP	1926	
Lumbricus terrestris	Nervensystem, Bindegewebeszellen	Z	kantig, polygonal	mehrere μ	STAUBESAND, KUHLO, KERSTING	1962	
Pontobdella spec.	Ganglienzellen des Bauchstranges	Z			KOLMER	1904	
Hirudo medicinalis	Ganglienzellen des Bauchstranges	Z			KOLMER	1904	
Arthropoda							
Phyllognathus spec.	Darmepithel der Larven	K			MINGAZZINI	1889	
verschiedene Isopoden	Mitteldarmdrüse				BELLONI, EMERY, FRENZEL	1882	
Idothea hectica (Assel)	Epithelzellen des Mitteldarms	Z			FRENZEL	1884	
Oletra picea	Eier		tafel- oder prismenförmig		BERTKAU	1875	
Pholcus phalangoides		Z + K			BAMBEKE	1898	
Insekten	Fettkörper und Eier				BLOCKMANN und KORSCHELT	1891	
Pieris brassicae Imagines und Raupen	Fettkörper, Spinndrüsen				KORSCHELT	1891	
Dytiscus marginalis	Eier und Nährzellen	Z			KORSCHELT	1891	

Fortsetzung der Tabelle 1

Tier	Organ	Zytoplasma = Z Kern = K	Kristallform	Kristallgröße	Autor	Jahr	Bemerkungen
Lampyridis noctiluca	Leuchtorgan				Kölliker	1889	Fraglich ob Eiweißkristalle
Tenebrio molitor	Mitteldarmepithel und Darminhalt	K	sechsseitige Tafeln mit separater Hülle		Frenzel	1882 1886	Larve und Imago
Tenebrio molitor	Mitteldarmepithel und Darminhalt	K			Rengel	1896 1897	Larve und Imago
Tenebrio molitor	Mitteldarmepithel und Darminhalt	K + Z			Biedermann	1898	
Oryctes nasicornis	Darmepithel	K			Mingazzini	1889	Larve
Nepa cinera	Speicheldrüse	K			Carnoy	1884	
Mollusca							
Xerophila ericetorum	Flimmerepithel von Sohle, Atemgang, Ureter, Darm	K			Merkel	1915	
Watasenea scintillans	Leuchtorgane				Hayashi	1927	
Echinodermata							
Dorocideus papillata (*Dorocidaris*)	Sekretionsorgane				Leipold	1892	
Seeigel	Amoebocyten				Cuénot	1891	ohne nähere Angaben
Seeigel	Darmwandzellen	K + Z			Hillaire	1898	
Sphaerechinus granularis	pigmentierte Organe	K			Cuenot	1891	zitiert nach List 1893
					Leipold	1893	

Sphaerechinus granularis	Exkretionsorgane				Leipold	1892	
Sphaerechinus granularis	Pigmentzellen, Radialnerven	K	Rhomboeder		List	1897	
Sphaerechinus granularis	Deckepithel, Blutbahnen		Hexaeder		List	1898	
Vertebrata							
a) Pisces							
Pisces	Eier		rectanguläre und quadratische Tafeln		Fremy und Valenciennes	1855	keine näheren Angaben
Pisces	Keimbläschen				Kölliker	1858	
Pisces	Eier				Mayer	1920	
Hai	Dotterplättchen				Schimper	1878	doppelbrechend
Selachier	Dotterplättchen	Z			Waldeyer	1906	„Ichthinkörner“
Scyllium canicula	Dotterplättchen	Z			Schimper	1878	
Scyllium catulus	Dotterplättchen	Z			His	1901	
Pristiurus spec.	Dotterplättchen	Z			His	1901	
Mustellus spec.	Dotterplättchen	Z			His	1901	
Squalus galeus	Dotterplättchen	Z			Fremy und Valenciennes	1854	
Squalina angelus	Dotterplättchen	Z			Fremy und Valenciennes	1854	
Raja spec.	Dotterplättchen	Z			Fremy und Valenciennes	1854	
Torpedo	Dotterplättchen	Z			Fremy und Valenciennes	1854	
Torpedo	Dotterplättchen	Z			Rückert	1899	
Teleostier	Ganglienzellen	K			Nemiloff	1908	
Cyprinidae	Dotterplättchen	Z			Fremy und Valenciennes	1854	

Fortsetzung der Tabelle 1

Tier	Organ	Zytoplasma = Z Kern = K	Kristallform	Kristallgröße	Autor	Jahr	Bemerkungen
Cyprinidae	Dotterplättchen		rectanguläre quadratische Tafeln, rhombisches System		Radlkofer	1859	
Cyprinidae	Dotterplättchen	Z			Radlkofer	1859	
Aspius alburnus	Ei	K			Kölliker	1858	Fraglich, ob Eiweißkristalle
Cobitis barbatula	Ei	K			Kölliker	1858	
Cyprinoidae	Dotterplättchen	Z			Waldeyer	1906	
Lota vulgaris	Ganglienzellen	K			Nemiloff	1908	
b) Amphibia							
Amphibien	Eier		rectaguläre und quadratische Tafeln		Fremy und Valenciennes	1855	keine näheren Angaben
Amphibien	Dotterplättchen	Z			Waldeyer	1906	
Urodelen	Dotterplättchen	Z			Fremy und Valenciennes	1894	
Amblystoma mexicanus	Dotterplättchen	Z			Fick	1893	
Salamandra maculosa	Leukocyten	Z			Heidenhain	1892	
Anuren	Dotterplättchen	Z			Fremy und Valenciennes	1894	
Bombinator spec.	Dotterplättchen	Z			His	1901	
Bufo spec.	Pankreas				Mayer		von Lubarsch 1896 zitiert

Rana spec.	Dotterplättchen	Z			RADLKOFER	1859	
Rana spec.	Wintereierstock		langgestreckt zugespitzt		SCHULTZE	1887	
Rana fusca	im Ei	Z	Kristallnadeln		SCHULTZE	1887	
c) Reptilia							
Reptilien	Dotterplättchen	Z			HIS	1901	
Testudo spec.	Dotterplättchen	Z			RADLKOFER	1859	
Testudo maritima	Dotterplättchen	Z			FREMY und VALENCIENNES	1854	Emydinkörner
Chamaeleo spec.	Thymus	Z			PRENANT	1897	
d) Aves							
Aves allgemein	Dotterkörner	Z			HIS	1901	
	Eosinophile Granulocyten +				EHRLICH,	1891	
					SCHWARZE	1880	
	Knochenmark				BIZZOZERO, TORRE, DENYS	1880	
Gallus	Lymphzellen	Z			BIZZOZERO und TORRE	1880	
Gallus domesticus	Dotterkörner	Z			HIS	1868	
Gallus domesticus	Ganglienzellen (sympathisch)	K + Z			HOLMGREN	1899	Fraglich, ob Eiweißkristalle
Columba u. a. Species	Lymphzellen	Z			SCHWARZE, BIZZOZERO und TORRE	1880	
Larus	Ganglienzellen (sympathisch)	K + Z			HOLMGREN	1899	
e) Mammalia							
Phascolarctus	Hoden	Z			BARDELEBEN	1896	

Fortsetzung der Tabelle 1

Tier	Organ	Zytoplasma = Z Kern = K	Kristallform	Kristallgröße	Autor	Jahr	Bemerkungen
Talpa spec.	Nebenhoden		stäbchenförmig		REICHEL	1921	Sekretvakuolen
Sorex araneus	Seitendrüse		Plättchen oder Stäbchen, eckig rund, schüsselförmig, gekrümmt		SCHAFFER	1940	
Erinaceus europaeus	Ganglienzellen der symp. Grenzstrangganglien	K			LENHOSSEK	1897	
Erinaceus europaeus	sympathische Ganglienzellen	K			PRENANT	1897	
Erinaceus europaeus	Spinalganglienzellen	K + Z			SJÖVALL	1902	
Fledermaus Chiroptera Chiroptera	Uterus, Ductuli efferentes, Ductus epididymidis, Ductus deferens		spindelförmig	20 – 25 μ lang, 6 – 8 μ breit	MICHALIK	1926	keine Angabe der Species
Lepus cuniculus	Keimscheibe, Ectodermzellen				v. BENEDEN	1880	zitiert nach NEMILOFF 1908 Fraglich, ob Eiweißkristalle
Lepus cuniculus	Ganglienzellen	K			MANN	1894	
Lepus cuniculus	Spinalganglienzellen	Z			HOLMGREN	1899	
Lepus cuniculus	Ooplasma, Primärfollikel, reifender Follikel		zylindrische Stäbchen	3 – 9 μ	LIMON	1903	
Mus musculus	Keimbläschen	Z			HOLL	1893	
Mus musculus	Nebenhoden	K + Z			FUCHS	1902	
Mus musculus	Lymphknoten				TRANZER, KAMPF, KOSTE, FRÜHLING	1963	

Mus rattus	Vorhautdrüsen				Leydig	1889	zitiert nach Kölliker
Cavia cobaya	vorderes Linsenepithel	K + Z	stab- u. fadenförmig		Ballowitz	1900	
Canis familiaris	Keimbläschen				Wagener	1879	
Canis familiaris	Leber	K			Browicz	1893	Fraglich, ob Eiweißkristalle
Canis familiaris	Tubuli contorti der Niere	Z	trigonale, hexagonale Prismen		Marchand	1909	Allantoin
Canis familiaris	Leber	Z + K		8 – 15 μ	Brovis, Grandis und Brandt		
Canis familiaris	Hoden				Mazzetti	1911	
Canis familiaris	Nebenniere				Berg	1929	
Canis familiaris	Circumanaldrüse	Z	stäbchenartig		Schaffer	1940	
Canis vulpes	Violdrüse	Z	spitz- bis stumpf-rhombisch		Schaffer	1940	
Felis domestica	Hoden	Z			Reinke	1896	zitiert nach Lubarsch
Felis domestica	interstitielle Zellen	Z			Mathieu	1898	
Felis domestica	Auge, Descemetsche Membran	Z	gerade, gebogen, abgeknickt bis wellig gegliedert		Ballowitz	1900	
Equus caballus	interstitielle Zellen des Hodens				Mathieu	1898	
Sus scrofa domestica	interstitielle Zellen des Hodens				Mathieu	1898	
Cervus capreolus	Eizelle (wachsender Follikel)		reguläres System, pentagonisch, hemiedrisch, Rhombendodekaeder, Hexaeder, Oktaeder, Dodekaeder	6 μ (10 – 16 μ) bis 35 μ	von Ebner	1901	nicht doppelbrechend. Globuline im engeren Sinn.

Fortsetzung der Tabelle 1

Tier	Organ	Zytoplasma = Z Kern = K	Kristallform	Kristallgröße	Autor	Jahr	Bemerkungen
Ovis aries	Chorion, Uterusepithel				TAJANI	1886	
Anthropoiden	Labyrinth, Nebenniere, „andere Gewebe"				KOLMER	1918	
Macacus rhesus	Lymphknoten, Phagocyten	Z	spindelförmig		SCHUMACHER	1897	
Macacus rhesus	Eizelle		stäbchenartig	3 – 9 μ	POLLAK	1926	
Schimpanse (*Pan satyrus*)	Retina			5 – 18 μ lang, 1 – 1,5 μ dick	KOLMER	1918	
Homo sapiens	Hoden, Zwischenzellen	Z		25 – 30 μ lang 4 μ dick	REINKE	1894	
Homo sapiens	„Epithelzellen" in Hodenkanälchen „große Fußzellen"		Oktaeder	16 – 2 μ lang 2 – 3 μ dick	LUBARSCH	1896	CHARCOT – BÖTTCHERsche Kristalle
Homo sapiens	Spermatogonien		spindel- bis nadelförmig	20 μ lang 1,5 – 3 μ dick			
Homo sapiens	Schilddrüse	im Kolloid	Oktaeder	10 – 30 μ	GÜNTHER	1896	
Homo sapiens	Spermatogonien und interstitielle Zellen	Z			LENHOSSEK	1897	
Homo sapiens	Spermatogonien und interstitielle Zellen	Z			BARDELEBEN	1898	
Homo sapiens	Leberzellen	K + Z			BROWICZ	1898	fraglich ob Eiweißkristalle
Homo sapiens	interstitielle Zellen				MATHIEU	1898	

Homo sapiens	Spermatogonien und Leukocyten	Z	gerade, sechsseitige Doppelpyramiden		COHN	1899	optisch einachsig; schwach doppelbrechend
Homo sapiens	Spinalganglion Embryo 4. Monat	K			SMIRNOW	1902	
Homo sapiens	interstitielle Zellen, Hoden, Spermatogonien, SERTOLIsche Zellen des Hodens	Z		1 – 5 μ lang 5 μ dick	SPANGARO	1902	
Homo sapiens	Retina			5 – 18 μ lang 1 – 1,5 μ dick	KOLMER	1918	
Homo sapiens	Hoden		reisförmige Körperchen	1 – 2 μ lang ½ – 1 μ dick	WINIWARTER	1922	
Homo sapiens	Samenepithel				PATZELT	1923	
Homo sapiens	Prostata				BUKHOFZER	1924	BÖTTCHERsche Kristalle
Homo sapiens	Spermatocyten				STIEVE	1930	
Homo sapiens	Mesovarium, Hiluszellen				DHOM	1954	

Literatur

Altmann, B., 1894: Die Elementarorganismen und ihre Beziehungen zu den Zellen. 2. Aufl., Leipzig.

Auerbach, L., 1856: Über die Einzelligkeit der Amoeben. Z. wiss. Zool. **7**, 399.

Bailey, C., 1855: On the crystals which occur spontaneously formed in the tissues of plants. Pflanzenphysiol. Untersuchungen **1**.

Ballowitz, E., 1900: Stab- und fadenförmige Kristalloide im Linsenepithel. Arch. Anat. u. Hist., 253—270.

Bambeke van, Ch., 1897: L'oocyte de *Pholcus phalangoides*. Fuessl. Verh. anat. Ges. in Gent.

— 1898: Christalloides dans l'oocytes de *Pholcus phalangoides*. Arch. anat. micr., publ. par Balbiani et Ranvier, II, 65.

v. Bardeleben, K., 1896: Zur Spermatogenese bei Monotremen und Beuteltieren. Verh. anat. Ges., **10**. Vers., Berlin.

— 1898: Weitere Beiträge zur Spermatogenese beim Menschen. Jenaische Z. Naturwiss. **31**.

Bargmann, W., 1962: Histologie und mikroskopische Anatomie des Menschen. 4. Aufl., Georg Thieme Verlag, Stuttgart.

Bargmann, W., und A. Knoop, 1956: Über das elektronenmikroskopische Bild der eosinophilen Granulocyten. Z. Zellforsch. u. mikr. Anat. **44**, 282—291 u. 692—696.

Belloni, S.: siehe Frenzel.

Beneden van, E., 1880: Recherches sur l'embryologie des mammifères. La formation des feuillets chez le lapin. Arch. Biol. I, 136.

Bensley, R. R., and I. Gersh, 1933: Studies on cell structure by freezing-drying method II. Anat. Rec. **57**, 217—237.

Berg, W., 1929: Zum mikroskopischen Nachweis des Stoffwechsels im Gewebe. Die Kristalle in den Kernen der Leber- und Nierenzellen des Hundes. Z. mikr. anat. Forsch. **16**, 213—258.

Bertkau, 1875: Über den Generationsapparat der Araneiden. Arch. Naturgesch. I. 248.

— 1884: Über den Bau und die Funktion der sogenannten Leber der Spinnen. Arch. mikr. Anat. **23**, 214.

Biedermann, W., 1898: Beiträge zur vergleichenden Physiologie der Verdauung. I. Die Verdauung der Larve von *Tenebrio molitor*. Pflügers Arch., LXXII. 105.

Bizzozero und Torre, 1880: Über die Blutbildung bei Vögeln. Zentralbl. med. Wiss., Nr. **40**, 736.

Blochmann, B., 1888: Über das regelmäßige Vorkommen von bakterienähnlichen Gebilden in den Geweben und Eiern verschiedener Insekten. Z. Biologie, N. F. VI (Bd. XXIV), 1.

— 1886: Über die Reifung der Eier bei Ameisen und Wespen. Festschr. naturhist. — med. Vereines zu Heidelberg. 143—172.

Bonnet, R., 1882: Über eigentümliche Stäbchen in der Uterinmilch des Schafes. Dtsch. Z. Thiermed., VII, 211.

Böttcher, A., 1865: Farblose Kristalle eines eiweißartigen Körpers, aus dem menschlichen Sperma dargestellt. Virch. Arch. 32, 225—535.

Brandt: Zit. nach Berg.

Brovis: Zit. nach Berg.

Browicz, 1898: Über Kristallisationsphänomene in der Leberzelle. Anz. Akad. Wiss., Krakau.

Brunswick, H., 1923: Über den eindeutigen makro- und mikrochemischen Nachweis des Histitin im Eiweißkomplex. Z. physiol. Chem. **127**, H. 4—6.

Buchner, P., 1953: Endosymbiose der Tiere mit pflanzlichen Mikroorganismen. Basel, Birkhäuser.

Bukhofzer, E., 1924: Über das Verhalten der Kristalle und Kristalloide im Hoden bei den verschiedenen Erkrankungen und Altersstufen. Virch. Anat. path. Anat. **148**, 427—449.

Carnoy, J. B., 1884: Biologie cellulaire.

Cerfontaine, 1890: Recherches sur le système et sur le système musculaire du lombric terrestre. Brüssel.

Chatterjee, N., 1963: The histochemical demonstration of haemoglobin and haemosiderin in the growing oocytes of a teleod fish. Quart. J. micr. Sci. **104** (68), 471—474.

Cohn, Th., 1895: Beitrag zur Kenntnis der Charcotschen und Böttcherschen Kristalle. Dtsch. Arch. klin. Med. **54**.

— 1899: Die kristallinischen Bildungen des männlichen Genitaltraktus. Zbl. allg. Path. u. path. Anat. **10**.

Cuenot, L., 1891: Études sur le sang et les glandes lymphatiques dans la série animale. 2 partie. Invertébrés. Arch. zoll. exp., Ser. 2, 593.

— 1898: Études physiologiques sur les Oligochaetes. Arch. Biol. **15**.

Denys: Zit. nach Meyer.

Dhom, G., 1954: Morphologische quantitative und histochemische Studien zur Funktion der Hiluszellen des Ovars. Z. Geburtsh. u. Gyn. **142**.

Dietz, E., 1942: Beobachtungen über die o-Diacetylbenzol-Eiweißfarbreaktion, insbesondere ihr Verhalten gegenüber den Kristallen der Hodenzwischenzellen. Z. mikr.-anat. Forsch. **31**, 14—24.

Doflein, F., und E. Reichenow, 1953: Lehrbuch der Protozoenkunde. 6. Auflage, Jena.

Ebner, V. v., 1901: Über die Eiweißkristalle in den Eiern des Rehes. Sitzungsber. kais. Akad. Wiss. Wien, math.-naturwiss. Cl., **110**, Abt. III, Jänner **1901**.

Ehrlich, P., 1891: Farbenanalytische Untersuchungen. Histologie und Klinik des Blutes.

Emery: Siehe Frenzel.

Fawcett, D. W., and M. H. Burgos, 1960: Studies on the fine structure of the *Mammalia testis*. II. The human interstitial tissue. Amer. J. Anatomy **107**, 145—270.

Fremy: Siehe Valenciennes.

Frenzel, J., 1882: Über Bau und Tätigkeit des Verdauungskanals der Larve des *Tenebrio molitor* mit Berücksichtigung anderer Arthropoden. Berliner entomol. Z., XXVI, H. 2, 267.

Fuchs, H., 1902: Über das Epithel des Nebenhodens der Maus. Anat. Hefte, Abt. 1, 19.

Grandis, B., 1889: Arch. ital. de biol., **12**.

Günther, G., 1896: Über ein Kristalloid der menschlichen Schilddrüse. Sitzungsber. kais. Akad. Wiss. Wien, math.-naturwiss. Cl., **105**, Abt. III.

Györy: Zit. nach Meyer.

Hadzi, J., 1907: Über intranucleäre Kristallbildung bei *Tubularia*. Zool. Anz. **31**.

Haeckel, E., 1878: Die Perigenesis der Plastidule oder die Wellenerzeugung der Lebensteilchen. Berlin.

Hartig, Th., 1856: Entwicklungsgeschichte des Pflanzenkeimes. Bot. Ztg.

Hayashi, S.: Zitiert nach Staubesand.

Hertwig, G., 1930: Organisation der lebenden Masse. In v. Möllendorffs Hb. mikr. Anat., I/1, Julius Springer, Berlin.

— 1930: Männliches Genitale. In v. Möllendorffs Hb. mikr. Anat., VII/2, J. Springer, Berlin.

Hilaire, St.: Die Wanderzellen in der Darmwand der Seeigel. Traveaux de la Soc. impér. des Naturalistes de St. Pétersboug. **XXVII**, Sect. Zool. et Physiol., p. 221.

His, W., 1868: Untersuchungen über die erste Anlage des Wirbeltierleibes. Die erste Entwicklung des Hühnchens im Ei. Leipzig.

— 1901: Lecithoblast und Angioblast der Wirbeltiere. Histogenetische Studien. Abhandl. königl. Sächs. Ges. Wiss. Math.-Phys. Kl., Leipzig, **26**, 173.

Holl, M., 1893: Über die Reifung der Eizelle bei Säugetieren. Sitzungsber. kais. Akad. Wiss. Wien, math.-naturw. Cl., 3. Abt., **102**.

Holmgren, F., 1899: Weitere Mitteilungen über den Bau der Nervenzellen. Anat. Anz. **16**.

Knop, J.: Zit. nach Staubesand.

Kölliker, A., 1858: Untersuchungen zur vergleichenden Gewebelehre. Verh. physik.-med. Ges. Würzburg, **VIII**, 92.

Kolmer, W., 1918: Über Kristalloide in den Nervenzellen der menschlichen Netzhaut. Anat. Anz. **51**, 314—317.

Korschelt, E., 1891: Beiträge zur Morphologie und Physiologie des Zellkernes. Zool. Jb., Abt. Anat. u. Ontogenie, **IV**, 88.

Leipold, L., 1892: Das angebliche Exkretionsorgan der Seeigel, untersucht an *Sphaerechinus granularis* und *Dorocidaris papillata*. Z. wiss. Zool., **55**, 585.

Lenhossek, M. v., 1897: Beiträge zur Kenntnis der Zwischenzellen des Hodens. Arch. Anat. u. Physiol., Anat. Abt.

Limon: Zit. nach Meyer.

List, Th., 1898: Über die Entwicklung von Proteinkristalloiden in den Kernen der Wanderzellen bei Echinoiden. Anat. Anz. **14**, 185—191.

Lubarsch, O., 1896: Über die im männlichen Geschlechtsapparat vorkommenden Kristallbildungen. Dtsch. med. Wschr. Nr. **47**, 755—756.
— 1896: Über das Vorkommen kristalliner und kristalloider Bildungen in den Zellen des menschlichen Hodens. Arch. path. Anat. u. Physiol. **145**, 316—338.
Marchand, C., 1903: Beobachtungen an jungen menschlichen Eiern. Anat. Hefte, Abt. I, **21**.
Mathieu, C., 1898: De la cellule interstitielle du testicule et de ses produit de sécrétion (cristalloides). Nancy (Inaug. Diss.).
Mazzetti, L., 1911: I caratteri sessuali secondari e le cellule interstiziali del testicolo. Anat. Anz. **38**, 361—387.
Merkel, K., 1915: Kristalle in Epithelzellkernen in *Xerophila ericolorum* Müll. Zool. Anz. **45**.
Meyer, A., 1920: Morphologische und physiologische Analyse der Zelle der Pflanzen und Tiere. I. Teil. Gustav Fischer, Jena.
Michalik, L., 1926: Kristalle im Nebenhoden der Fledermaus. Z. Anat. u. Entw.-gesch. **81**, 634.
Mohl: Zit. nach Meyer.
Naegeli, 1862: Über die krystallähnlichen Proteinkörper und ihre Verschiedenheit von wahren Krystallen. Sitzungsber. königl. bayr. Akad. Wiss. **II**, 120.
Nemiloff, F., 1908: Beobachtungen über Nervenelemente bei Ganoiden und Knochenfischen. 1. Teil: Der Bau der Nervenzellen. Arch. mikr. Anat. u. Entw.-gesch. **72**.
Okada, Takagi und Sugino: Zit. nach Staubesand.
Palade, G. E., 1952: A study of fixation for electronmicroscopy. J. exp. med. **95**, 285—298.
Pandazius, G.: Zitiert nach Staubesand.
Patzelt, V., 1923: Zwischenzellen und Samenepithel. Wr. klin. Wschr. Nr. **32**.
Pollak, W., 1926: Über die Kristalloide in den Eizellen von Maccacus rhesus. Anat. Anz. **61**, 202—204.
Prenant, A., 1897: Notes cytologiques III. Cristalloides intranucléaires des cellules nerveuses sympathiques chez les mammifères. Arch. d'anat. micr., **1**, 366—373.
Radlkofer, L., 1859: Über Krystalle proteinartiger Körper pflanzlichen und tierischen Ursprungs. Leipzig.
Reichel, H., 1929: Die Saisonfunktion des Nebenhodens vom Maulwurf. Anat. Anz. **54**, 129—149.
Reinke, F., 1894: Zellstudien. Arch. mikr. Anat., **43**, 377.
— 1896: Beiträge zur Histologie des Menschen. Arch. mikr. Anat. **47**, 34.
Rengel, C., 1897: Über die Veränderung des Darmepithels bei *Tenebrio-molitor* während der Metamorphose. Z. f. wiss. Zool., Bd. **62**.
Romeis, B., 1948: Taschenbuch der mikroskopischen Technik. R. Oldenbourg, München.
Rückert, J., 1889: Die erste Entwicklung des Eies der Elasmobranchier. Festschr. f. Carl v. Kupffer, Jena, Gustav Fischer.
Sabussow, H., 1908: Über Kristalloide in den Kernen von Epithelzellen bei Planarien. Zool. Anaz., **33**.
— 1940: Die Hautdrüsen der Säugetiere. Urban & Schwarzenberg, Wien-Berlin.
Schaffer, J., 1933: Lehrbuch der Histologie. 2. Aufl., Urban & Schwarzenberg, Wien-Berlin.
Schimper, A. W. F., 1881: Über die Kristallisation der eiweißartigen Substanzen. Z. Kristallographie u. Mineralogie. **V**, 131.
Schmidt, W. J., 1924: Die Bausteine des Tierkörpers im polarisierten Licht. Bonn, Fr. Cohen.
Schneider, K. C., 1902: Lehrbuch der vergleichenden Histologie der Tiere. Gustav Fischer, Jena.
Schulz, F. N., 1901: Die Kristallisation von Eiweißstoffen und ihre Bedeutung für die Eiweißchemie. Gustav Fischer, Jena.
Schultze, O., 1887: Untersuchungen über die Reifung und Befruchtung des Amphibieneies. Z. wiss. Zool. **45**.
Schumacher, S. v.: Über die Lymphknoten von *Macacus rhesus*. Arch. mikr. Anat. **48**, 162.
Schwarze, E., 1880: Über stäbchenhaltige Lymphzellen bei Vögeln. Cbl. med. Wiss., Nr. **43**, 807.
Shestopalova N. M., V. N. Reingold und V. M. Borisov, 1963: Die submikroskopische Struktur von nadelförmigen Kristallen in Epithelzellen der Darmschleimhaut und ihre Lage im endoplasmatischen Reticulum. Doklady Akad. Nauk. SSSR. **153**/2, 434—436. (Zitiert aus Excerpta medica Vol. 18, No. 7, Section I, Juli 1964.)

SILLIMAN, F., 1855: Journal of science and arts.

SJÖVALL, E., 1902: Über die Spinalganglienzellen des Igels. Anat. Hefte, **18**.

SIMPSON, F. O., 1963: Crystalline structure of juxta glomerular granules, as shown by electron microscopy. Proc. of the univ. of Otago medical school, **41**, 15.

SMIRNOW, E. A. v., 1902: Einige Beobachtungen über den Bau der Spinalganglienzellen bei einem viermonatigen menschlichen Embryo. Arch. mikr. Anat. u. Entw.-gesch., **59**.

SPANGARO, S., 1902: Über die histologische Veränderung des Hodens, Nebenhodens und Samenleiters von Geburt an bis zum Greisenalter, mit besonderer Berücksichtigung der Hodenatrophie des elastischen Gewebes und des Vorkommens von Krystallen im Hoden. Anat. Hefte **18**, 593—771.

STAUBESAND, J., B. KUHLO und K. H. KERSTING, 1963: Licht- und elektronenmikroskopische Studien am Nervensystem des Regenwurms. 1. Mitt., Z. Zellforsch. usw. **61**, 401—433.

STIEVE, H., 1930: Harn- und Geschlechtsapparat. Männliche Genitalorgane. In v. MÖLLENDORFFS Hdb. d. mikrosp. Anat. d. Menschen VII/2.

TAFANI, S., 1886: Sulle condizioni utero-placentali della vita foetale. Firenze.

TISCHLER, T.: Zitiert nach STIEVE.

TRANZER, J. P., J. KEMP, A. PORTE und L. FRÜHLING, 1963: Sur la formation d'inclusions cristallines on pseudo-cristallines dans les élements réticulaires des ganglions lymphatiques de souris. Compt. rend. hebatm. des seances de l'acad. des sci., **256**, 6—9, 1400.

TROJAN: Zit. nach MEYER.

VALENCIENNES, A., und FREMY, 1854: Recherches sur la composition des oeufs dans la série des animaux. Comt. rend. hebdom. Acad. Sci. (Paris) **38**, 469, 525 und 570.

WAGNER, G. R., 1879: Bemerkungen über den Eierstock und den gelben Körper. Arch. Anat. u. Physiol., Anat. Anz.

WALDEYER, W., 1916: Die Geschlechtszellen. Hb. d. vergl. u. exp. Entwicklungslehre der Wirbeltiere. Gustav Fischer, Jena T I, **1**, 86.

WILLEM und MINNE: Zit. nach STAUBESAND.

WINIWARTER: Zit. nach STIEVE.

ZIMMERMANN, A., 1890—1893: Beiträge zur Morphologie und Physiologie der Pflanzenzellen. Tübingen, S. 142.

— 1890—1893: Über die Proteinkristalloide I. Tübingen, H. 2, S. 112.

Fortsetzung der 4. Umschlagseite

Structure and Function in Cilia and Flagella. By **Peter Satir**, Chicago. With 30 figures. IV, 52 pages. — **Trichocystes, Corps trichocystoïdes, Cnidocystes et Colloblastes.** Par **Raymond Hovasse**, Clermont-Ferrand. Avec 41 figures. 57 pages. Gr.-8°. 1965. **Band III. Cytoplasma-Organellen.** E, F. S 274.—, DM 43.50, $ 10.90

Chemistry of Viruses. By **C. A. Knight**, Berkeley (California). With 27 figures. IV, 177 pages. 8vo. 1963. **Band IV. Virus. 2.** S 303.—, DM 48.—, $ 12.—

The Multiplication of Viruses. By **S. E. Luria**, Urbana, Illinois. IV, 63 pages. — **Virus Inclusions in Plant Cells.** By **Kenneth M. Smith**, Cambridge. With 5 plates. 16 pages. — **Virus Inclusions in Insect Cells.** By **Kenneth M. Smith**, Cambridge. With 16 figures. 25 pages. — **Antibiotika erzeugende virus-ähnliche Faktoren in Bakterien.** Von **Pierre Fredericq**, Lüttich. 14 Seiten. Gr.-8°. 1958. **Band IV. Virus.** 3, 4a, 4b, 5. S 268.—, DM 42.50, $ 10.65

Strukturtypen der Ruhekerne von Pflanzen und Tieren. Von **Elisabeth Tschermak-Woess**, Wien. Mit 91 Textabbildungen (427 Einzelbildern). IV, 158 Seiten. Gr.-8°. 1963. **Band V. Karyoplasma** (Nucleus). 1. S 353.—, DM 56.—, $ 14.—

The Nuclear Membrane and Nucleocytoplasmic Interchange. By **C. M. Feldherr**, Edmonton, **J. G. Gall**, Minneapolis, **L. Goldstein**, Philadelphia, **C. V. Harding**, New York, **W. R. Loewenstein**, New York, **A. E. Mirsky**, New York. With 32 figures. IV, 72 pages. 8vo. 1964. **Band V. Karyoplasma** (Nucleus). 2. S 138.60, DM 22.—, $ 5.50

Riesenchromosomen. Von **Wolfgang Beermann**, Tübingen. Mit 113 Textabbildungen. IV, 161 Seiten. Gr.-8°. 1962. **Band VI. Kern- und Zellteilung.** D. S 312.—, DM 49.50, $ 12.40

Die Amitose der tierischen und menschlichen Zelle. Von **Otto Bucher**, Lausanne (Schweiz). Mit 56 Textabbildungen. IV, 159 Seiten. Gr.-8°. 1959. **Band VI. Kern- und Zellteilung.** E. Amitose. 1. S 426.—, DM 67.50, $ 16.90

The Meiotic System. By **B. John**, Birmingham, and **K. R. Lewis**, Oxford. With 195 figures. IV, 335 pages. 8vo. 1965. **Band VI. Kern- und Zellteilung.** F. Die Chromosomen in der Meiose. 1. S 860.—, DM 136.50, $ 34.15

Les altérations de la méïose chez les animaux parthénogénétiques. Par **Marguerite Narbel-Hofstetter**, Lausanne (Schweiz). Avec 112 figures (686 dessins ou photographies). IV, 163 pages. in-8°. 1964. **Band VI. Kern- und Zellteilung.** F. Die Chromosomen in der Meiose. 2. S 397.—, DM 63.—, $ 15.75

Différenciation des cellules sexuelles et Fécondation chez les Cryptogames. Par **Bernard Vazart**, Bondy (Seine). Avec 122 figures. IV, 363 pages. in-8°. 1963. **Band VII. Befruchtung und Kernverschmelzung.** 3b. S 706.—, DM 112.—, $ 28.—

Protoplasmic Streaming. By **Noburô Kamiya**, Osaka, Japan. With 82 figures. IV, 199 pages. 8vo. 1959. **Band VIII. Physiologie des Protoplasmas.** 3. Motilität. a. S 472.—, DM 75.—, $ 18.75

Frost, Drought, and Heat Resistance. By **J. Levitt**, Columbia, Missouri. With 29 figures. IV, 87 pages. 8vo. 1958. **Band VIII. Physiologie des Protoplasmas.** 6. S 220.—, DM 35.—, $ 8.75

Morphology and Physiology of Plant Tumors. By **Armin C. Braun** and **Tom Stonier**, New York. With 7 figures. IV, 93 pages. 8vo. 1958. **Band X. Pathologie des Protoplasmas.** 5a. S 206.—, DM 32.50, $ 8.15

Protoplasmatische Ökologie der Pflanzen. Wasser und Temperatur. Von **Richard Biebl**, Wien. Mit 92 Textabbildungen. IV, 344 Seiten. Gr.-8°. 1962. **Band XII. Protoplasmatische Ökologie der Pflanzen.** 1. S 618.—, DM 98.—, $ 24.50